国家电网有限公司

防止直流换流站事故

措施及释义

国家电网有限公司　发布

U0261546

中国电力出版社
CHINA ELECTRIC POWER PRESS

图书在版编目（CIP）数据

国家电网有限公司防止直流换流站事故措施及释义/国家电网有限公司发布. —北京：中国电力出版社，2021.6

ISBN 978-7-5198-5695-3

Ⅰ．①国…　Ⅱ．①国…　Ⅲ．①直流换流站–事故预防–中国　Ⅳ．①TM63

中国版本图书馆 CIP 数据核字（2021）第 107327 号

出版发行：中国电力出版社
地　　址：北京市东城区北京站西街 19 号（邮政编码 100005）
网　　址：http://www.cepp.sgcc.com.cn
责任编辑：吴　冰（010-63412356）
责任校对：黄　蓓　常燕昆
装帧设计：郝晓燕
责任印制：石　雷

印　　刷：北京瑞禾彩色印刷有限公司
版　　次：2021 年 6 月第一版
印　　次：2021 年 6 月北京第一次印刷
开　　本：787 毫米×1092 毫米　16 开本
印　　张：14.5
字　　数：247 千字
印　　数：0001—2000 册
定　　价：75.00 元

编 委 会

前 言 Foreword

2011 年，国家电网生〔2011〕961 号《国家电网公司防止直流换流站单、双极强迫停运二十一项反事故措施》（简称 2011 年版《直流反措》）发布，在直流设备隐患治理、防范重大事故、确保直流安全运行等方面发挥了重要作用。

2011 年版《直流反措》主要基于当时在运的三峡送出等常规直流换流站故障情况编制。十年来，国家电网有限公司（简称公司）直流输电技术快速发展，电压等级从 ±500kV 提升至 ±800kV、±1100kV，换流容量从 3GW 提升至 6.4GW、7.2GW、8GW、10GW 和 12GW；特高压直流从试验示范到规模化建成投运，目前公司已投运特高压直流换流站 24 座，特高压直流成为跨区输电的骨干通道。

特高压直流输电技术的快速发展带动了大量新技术进入工程应用、大批新设备投入运行，特高压直流在总体运行稳定的同时，也出现了一些新问题、新特征，先后发生换流变爆燃、换流阀起火、套管放电击穿、控制保护死机等严重故障，给直流安全运行造成严重影响。根据国家能源发展战略和公司发展规划，"十四五"期间公司还将建设 8 回特高压直流工程，深入总结十年来直流，尤其是特高压直流特点，分析设备故障机理和闭锁规律，制定针对性反事故措施，切实防范设备故障，强化设备本质安全十分必要和迫切。

2020 年，公司组织相关单位开展防止换流站事故措施修编工作，本次修订工作在 2011 年版《直流反措》的基础上，系统总结和分析了近十年，尤其是近三年公司直流换流站运行情况，整理了十年来 530 多个换流站设备故障和直流闭锁事件，逐件分析，将能够防范故障的处理措施纳入反事故条款；收集了多年来的直流设备监造、技术监督、工程建设调试发现的 400 多件典型案例，逐项分析原因，将行之有效防范措施引入反事故措施；编写过程中，参考了其他技术标准、相关单位的直流反措等相关材料，逐条讨论研究，吸纳可用典型条款。

本次修订突出设备管理理念，对 2011 年版《直流反措》章节进行了整合，保留 7 项，修订和新增 14 项；本次修订强化阶段责任，按照责任环节将条款列入规划设计、采购制造、建设安装、调试验收、运维检修等 5 个阶段；本次修订注重实用实效，相关条款均附上实际案例，便于理解和掌握。修订后《国家电网有限公司防止直流换流站事故措施》共 21 项、961 条，较 2011 年版《直流反措》增加 744 条。

本次修订工作过程中，国家电网有限公司组织系统成套、设计、制造、监造、调试、建设和运维等专业单位共享经验，从各自角度提炼防止直流闭锁和换流站设备故障措施，公司设备部会同特高压部、国调中心参与条款修订并组织相关单位提出相关意见，经过 3 个轮次（约 400 人日）的集中工作，完成了修订稿。

本反事故措施还需在实际使用过程中进一步检验，我们将认真听取有关意见和建议，及时总结运维经验和故障案例，不断完善反事故措施，确保直流系统安全稳定运行。

国家电网有限公司

2021 年 3 月 20 日

目 录 | Contents

1 防止换流变压器及油浸式平波电抗器故障

1.1 规划设计阶段

1.1.1 新建工程网侧套管、阀侧套管温升试验电流应不小于对应绕组额定电流的1.3p.u.。阀侧套管操作冲击绝缘水平、雷电冲击绝缘水平不低于对应绕组绝缘水平的 1.1p.u.，其他绝缘设计水平不低于对应绕组绝缘水平的 1.15p.u.；有载分接开关的引线、间隙绝缘设计水平不低于绕组级间绝缘耐受水平的1.15p.u.。

> 【释义】新建±800kV/8GW 直流工程换流变压器套管、分接开关等关键组部件按照 10GW 工程容量要求配置。如选用 6250A 阀侧套管，温升试验电流按照套管额定电流 1.05p.u.开展，非 6250A 阀侧套管温升试验电流按照绕组额定电流 1.3p.u.执行。

> 【释义】后续站与当前新建换流站设计水平保持一致，阀侧套管绝缘设计水平不低于换流变压器、油浸式平波电抗器绕组绝缘水平的 1.15p.u.，其中操作冲击、雷电冲击绝缘水平不低于绕组绝缘水平的 1.1p.u.

1.1.2 换流变压器、油浸式平波电抗器应进行安全设计评审，开展抗短路、防爆炸能力设计校核，统筹考虑油箱、相关连接部件的耐爆耐压强度，科学配置压力释放阀（防爆膜）等泄能装置，确保耐爆耐压强度和泄能装置相互配合协调，确保设备内任何部件发生故障均不会导致设备爆炸起火。

【释义】2018年以来，换流站相继出现天山"4·7"、宜宾"6·2"、昌吉"1·7"、沂南"3·13"共计4起换流变压器爆炸起火事故，因此，对换流变压器等大型充油设备进行安全设计评审，开展抗短路、防爆炸能力设计校核等尤为必要。为保证故障泄压能力，要科学配置压力释放阀（防爆膜）等泄能装置，压力释放阀的布置位置、压力释放压力和相应速度等参数应通过专题研究确定。

1.1.3 新建工程交流场采用 3/2 接线的换流站，换流变压器与主变压器、调相机不应共串设计。

【释义】胶东站交流场采用3/2接线，极Ⅱ换流变压器与3号主变压器设计在同一串内。当站内3号主变压器检修或故障处理时，会出现极Ⅱ换流变压器单断路器运行的工况，降低了极Ⅱ的运行可靠性；同时当换流变压器检修时，3号主变压器将单断路器运行，降低了主变压器的运行可靠性。

1.1.4 换流变压器（含柔直变压器）、交流变压器应进行安装站点区域直流偏磁研究计算，偏磁电流不应超过换流变压器（含柔直变压器）、交流变压器的耐受水平，若偏磁电流超过设备允许值，应采取限流或隔直措施。

【释义】2017年5月10日，天山站3号联络变A相发生轻瓦斯报警，油色谱分析乙炔含量达 $2.54\mu L/L$，故障发生时，祁连站正开展直流偏磁测试，最大入地电流达到3000A，两站直线距离约350km。

2017年6月15日，天山站3号联络变A相主体轻瓦斯告警，离线油色谱乙炔含量为 $3.204\mu L/L$，故障前最近一次离线油色谱数据显示乙炔含量为 $0.256\mu L/L$，告警前天中直流由双极平衡运行转为极Ⅰ单极大地回线方式运行，设备停运后试验及内检未发现异常。

1.1.5 设计单位应对套管接线端子进行校核，校核端子形状、接触面积，包含端子材质、有效接触面积（去除螺栓孔面积）、载流密度、螺栓标号、力矩要求等。技术参数控制标准按照 20.1 执行。

1.1.6 设计单位应对套管金具开展基于运行振动工况下的受力校核,避免端部长期受力导致套管受损。

【释义】核查网侧高压套管将军帽结构设计是否合理,避免长时间运行振动情况下,将军帽与套管导电杆之间发生松动,导致发热。

1.1.7 换流变压器、油浸式平波电抗器升高座与油箱本体应采取措施加强结构设计,油箱应能够承受真空度为 13.3Pa 和正压力为 0.12MPa 的机械强度试验,不得有损伤和不允许的永久变形;换流变压器顶盖与油箱连接方式应避免箱沿异常发热。

1.1.8 换流变压器、油浸式平波电抗器设计时,应采取措施保证接线端子与压接引线具有足够载流接触面,同时防止引线屏蔽管、器身内部、局部油箱区域等形成油循环死区,造成局部油温过热。

【释义】自 2009 年 12 月投运以来,灵宝站 020B 换流变均存在不同程度的总烃及氢气增长,2020 年 9 月返厂解体后发现,故障换流变发热的主要原因是阀侧引线的圆柱形接线端子与引线"坑压"冷压连接方式工艺质量不良(见图 1-1),同时阀侧引线水平屏蔽管内部油流不畅,引发过热产气。

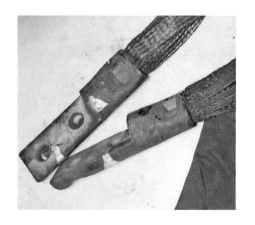 

图 1-1 接线端子与引线压接采用坑压冷压连接

【释义】宜宾站调试期间发现 400kV 换流变压器顶部油温比 200kV 换流变压器高出约 15K，而底部油温、绕组温度基本相同。变压器顶部长期在高油温下运行，将导致绝缘材料加速老化而影响其绝缘性能。

【释义】换流变压器设计时应考虑实际操作生产工艺，防止操作工艺要求满足不了设计要求，形成油循环死区，造成局部温度偏高。锡盟站 HY1 换流变压器（瑞典 ABB 生产）阀侧绕组热点温升超标，故障原因为阀侧绕组原设计方案对工艺实现要求较高，但实际操作具有随机性，阀绕组导线绝缘纸实际包扎较松，导致绝缘纸热膨胀堵塞油道。

【释义】换流变压器设计时应考虑油路的通畅性。2020 年 5 月 8 日，海南站 HD1 换流变（德国西门子生产）箱盖热点温升超标。故障原因主要为该型号换流变箱盖加强筋布置在油箱内部，箱盖部分位置存在油流不畅。

1.1.9 换流变压器、油浸式平波电抗器应配置带胶囊的本体储油柜，本体储油柜有效储油容积不低于本体油量的 8%，胶囊宜采用丁腈橡胶材质。

【释义】换流变压器应采用胶囊储油柜，储油柜有效储油容积不低于本体油量的 8%，胶囊隔膜应完整无破损，胶囊应在缓慢充气胀开后检查无漏气现象。

1.1.10 储油柜设计时应采取措施避免胶囊破裂后堵塞储油柜与本体连接管道，防止本体油位变化引起气体继电器或压力释放阀误动。

【释义】2018 年 11 月 20 日，黑河站俄方侧换流变压器 B 相重瓦斯保护跳闸。现场检查为储油柜胶囊破损后下沉至底部，将气体继电器和储油柜放油孔堵死，导致气体继电器内部无油，引发重瓦斯保护动作。

1.1.11 换流变压器、油浸式平波电抗器本体储油柜与胶囊间应设置连通阀，便于本体与储油柜同时进行抽真空。

> 【释义】灵宝站 022B 换流变压器本体储油柜与胶囊间未设置连通阀，在换流变压器抽真空时储油柜无法抽真空，需外接管道连接，影响现场处理速度。

1.1.12 换流变压器网侧套管升高座应加装独立气体继电器，提高升高座区域故障预警能力。

1.1.13 换流变压器阀侧穿墙套管穿墙区域地电位屏蔽罩、升高座及本体之间应做可靠等电位连接，经换流变压器本体一点接地。

> 【释义】2019 年 9 月 30 日，天山站极Ⅱ低端 Y/Y B 相换流变压器阀侧尾端套管穿墙位置温度达到 104℃，检查发现线夹处电缆绝缘皮破损，导致封堵面等电位线和内部金属存在感应电动势，产生环流，引发接触面电阻较大位置异常发热。

1.1.14 换流变压器、油浸式平波电抗器应配置排油装置，排油管道应以最短路径进入排油管沟，管道直径应根据油容量研究确定并保证 1.5h 排空油容量，管道应配置抽真空（排气）阀门、防止窝气；增设储油柜排油装置时，应采取措施防止断流阀误动等导致储油柜与油箱本体油路隔断、引发气体继电器误动。

> 【释义】对复龙、绍兴等换流站换流变压器排油管道的排查发现，冷却器主回油管道处闸阀排油管位置最高，且无排气阀，真空注油时顶部可能存在窝气，联通后气体会随强油带导向循环进入线圈。

1.1.15 换流变压器、油浸式平波电抗器铁芯、夹件的接地引线应通过小套管引出器身，并通过电缆、铜排等与地网可靠连接，引下线的位置应便于运维人员检测（监测）接地电流。

1.1.16 换流变压器、油浸式平波电抗器油回路上蝶阀阀芯螺杆应采取限位措施，防止运行振动时松脱，造成阀芯部位密封圈失效渗油。

【释义】2018 年 4 月 23 日，灵宝站单元Ⅰ022B 换流变压器顶部管道管道阀芯螺杆未采取限位措施，阀芯螺杆密封圈回弹后密封性能下降，造成阀芯部位渗漏（见图 1-2）。

图 1-2　灵宝站换流变压器管道连接阀门渗油

1.1.17　换流变压器、油浸式平波电抗器潜油泵端盖法兰紧固面应采用不锈钢螺栓对穿结构，防止螺栓锈蚀引发螺栓断裂、泵体滑落，导致漏油。

【释义】2017 年 1 月 2 日，枫泾站换流变压器潜油泵泵体端盖法兰采用自攻螺栓连接结构，由于螺栓、端盖钢板疑似材质较差，长期运行后锈蚀严重，螺栓断裂后导致泵体滑落，发生漏油（见图 1-3）。

图 1-3　枫泾站换流变压器潜油泵漏油

1.1.18　备用换流变压器、油浸式平波电抗器放置位置应充分考虑与带电设备的安全距离、电磁环境及防火间距，满足直流运行时对备用换流变压器、油浸式平波电抗器进行检修试验的要求。

【释义】胶东站备用换流变压器布置于引线正下方（见图1-4），在进行吊装检修时与换流变压器引线的安全距离不足。同时，距离引线较近造成电磁干扰，影响试验数据准确性。

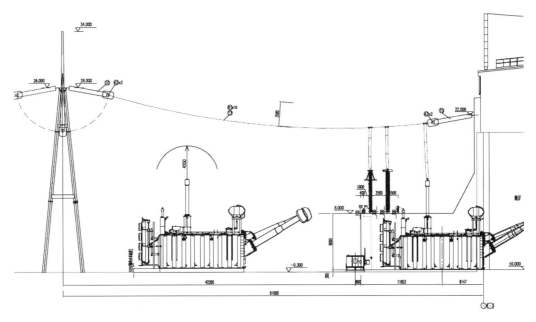

图 1-4　胶东站备用换流变压器布置断面图

1.1.19　备用换流变压器应设置电源柜和就地控制柜，具备风扇、潜油泵和有载分接开关例行运行维护条件，并接入 SF_6、油位在线监测系统。

【释义】在运工程备用换流变压器按照《国网设备部关于加强直流换流站换流变压器备用相运维检修工作的通知》（设备直流〔2019〕97号）执行。

1.1.20　换流变压器、油浸式平波电抗器应配置视频、红外等远程智能巡视系统，智能识别表计读数、渗漏油和异常发热等设备状态，具备替代人工巡检的条件。

1.1.21　每种类型的换流变压器、油浸式平波电抗器均应提供一台备用，每个阀厅应配置一台检修作业车，国外生产的关键组部件如交、直流套管，有载分接开关等，应额外增加备品。

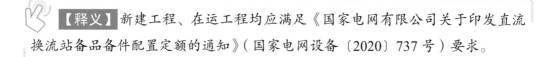

【释义】新建工程、在运工程均应满足《国家电网有限公司关于印发直流换流站备品备件配置定额的通知》（国家电网设备〔2020〕737 号）要求。

1.1.22 新建工程换流变压器、油浸式平波电抗器及配套组部件应满足站址环境最低温启动和运行要求，风沙大的地区户外端子箱、检修柜应采用双层门防风沙设计。

【释义】应落实防低温、防风沙、防电磁干扰设计要求；所有充油、充气设备，表计等需满足站址最低温启动和运行要求，水管、消防管路满足防冻要求。

1.1.23 换流变压器、油浸式平波电抗器就地控制柜、冷却器控制柜和有载分接开关机构箱应满足电子元器件长期工作环境条件要求且便于维护，防护等级不低于 IP55（风沙地区不低于 IP65），控制柜内直流工作电源与直流信号电源应独立。

【释义】针对高温、高湿等地区，应配置容量足够的制冷、除湿等附属设备。对于室外温度较高的地区，冷却器控制设备和相关二次元器件应安装在带空调、双层板隔热的户外柜内或室内控制保护柜中。

1.1.24 为便于现场人员巡视检修，换流变压器有载分接开关机构箱应设置在油箱长轴侧，不应设置在油箱与冷却器之间。换流变压器、油浸式平波电抗器油温计、油位计等需要日常巡视或数据抄录的组部件应集中布置并做好防雨防潮措施。

1.1.25 换流变压器、油浸式平波电抗器应采用强迫风冷却方式，具备自启动风扇、随顶层油温及负载自动分级启、停冷却系统的功能，当工作冷却器故障时，备用冷却器能自动投入运行。

【释义】冷却器电源切换回路设计强投旁路功能，并具备根据换流变压器油温、负载电流自动投、切冷却器组的功能。

1.1.26 换流变压器、油浸式平波电抗器冷却器每台潜油泵、每台风扇电机应装设独立的空气开关，冷却器电源应采用两路设计，并有三相电压监测实现自动切换功能。

1.1.27 换流变压器、油浸式平波电抗器冷却器控制装置工作电源与信号电源应彼此分开，各自双重化配置，防止工作和信号电源回路故障导致冷却器全停。

【释义】部分换流站换流变压器电气控制柜 TEC 直流电源为单路电源，直接取自 110V 直流馈线屏。直流 110V 电源丢失会造成 TEC "冷却器自动控制"信号丢失，冷却器全停。

1.1.28 换流变压器冷却器应配置手动强投功能，当失去一路电源且电源切换装置故障或回路异常导致冷却器全停时，通过手动强投恢复冷却功能。

【释义】部分换流站换流变压器、油浸式平波电抗器冷却器电源未设置手动强投功能，当失去一路电源的同时电源切换装置出现故障时，将失去冷却功能，此时应通过手动强投恢复冷却功能。

1.1.29 换流变压器、油浸式平波电抗器故障跳闸后，应自动切除潜油泵。

【释义】换流变压器或油浸式平波电抗器发生漏油故障后，自动切除潜油泵可避免漏油加剧；同时，可以防止本体故障后潜油泵继续运转导致内部放电产生的金属颗粒进入线圈，增加检修难度。

1.1.30 换流变压器、油浸式平波电抗器油温及绕组温度保护、本体速动压力继电器、压力释放阀动作信号、油位越限、冷却器全停信号应投报警，新建工程本体轻瓦斯、重瓦斯保护信号应投跳闸。

1.1.31 换流变压器、油浸式平波电抗器作用于跳闸的非电量保护继电器应设置三副独立的跳闸接点，作用于报警的非电量保护继电器应设置不少于两副独立的报警接点。

【释义】避免作用于跳闸的非电量元件采用"二取一"原则出口时，单接点误动造成直流强迫停运。2003 年以来，由于非电量跳闸元件接点误动导致直流强迫停运 13 次。

2004 年 7 月 17 日，鹅城站因极Ⅱ Y/Y B 相换流变压器分接头 1.5 气体继电器只设置了两副独立的跳闸接点，采用"二取一"出口方式，A 系统接点受潮、绝缘降低，导致极Ⅱ强迫停运。

1.1.32 换流变压器、油浸式平波电抗器非电量保护跳闸接点不应经中间元件转接，应直接接入直流控制保护系统或非电量保护屏。

【释义】2008 年 5 月 27 日，政平站极Ⅰ换流变压器套管 SF_6 压力监测装置误动（见图 1-5）。SF_6 压力信号经监测装置后，产生跳闸信号，该装置故障或交流工作电源电压不稳定时，会输出异常导致误动。

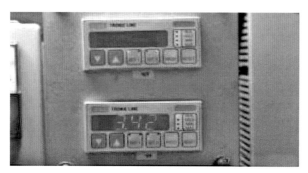

图 1-5　故障时刻 SF_6 压力监测装置就地显示

1.1.33 换流变压器、油浸式平波电抗器绝缘油灭弧、真空灭弧有载分接开关应选用油流速动继电器、压力释放阀作为标准非电量保护配置，油流速动继电器应投跳闸，压力释放阀投报警。

1.1.34 换流变压器有载分接开关操动机构和二次回路故障后应切断有载分接开关电机电源，不应直接跳换流变压器进线断路器。

【释义】换流变压器有载分接开关操动机构和回路故障后，应切断有载分接开关电机电源，由极控系统响应停止有载分接开关操作，或由相应保护动作出口闭锁直流，而不应该直接跳开换流变压器进线断路器。2003 年 7 月 20 日，政平站极Ⅱ换流变压器有载分接开关紧急跳闸回路异常导致极Ⅱ闭锁，闭锁原因为该回路使用常闭接点且动作后果设计为直接跳开交流 500kV 进线断路器。

1.1.35　换流变压器、油浸式平波电抗器应预装油色谱在线监测装置取样阀门并加装油色谱在线监测装置。色谱在线监测装置采购时应满足《换流站油色谱在线监测装置技术要求》中的入网检测要求；对基建和改造安装的油色谱在线监测装置，到货后应按《换流站油色谱在线监测装置管理细则》做好安装、验收、运维、检验等工作。

> 【释义】油色谱在线实时监测是换流变压器等大型充油设备实现故障早期预警的有效手段，长期运行后因色谱柱性能下降、检测器基线漂移等原因导致测量准确度降级、稳定性降低。新建及在运工程应按照《国网设备部关于加强换流站油色谱在线监测装置管理的通知》开展油色谱在线监测装置安装、验收、运维、检验等工作。

1.1.36　换流变压器、油浸平波电抗器油路设计或油路改造时，应对油流继电器、压力释放阀等非电量保护装置动作定值进行核对检查，防止非电量保护误动。

> 【释义】在换流变压器、油浸平波电抗器油路设计时，应对非电量保护（油流继电器、压力释放阀）的动作值进行计算并提出要求，油流继电器、压力释放阀出厂时应对其动作值按设计要求进行核对检查，防止特殊工况下误动。
>
> 　　华新站换流变压器增加 Box-in 后加长了冷却器油路管道，油路有所改变，但未对油流继电器保护动作定值重新进行计算整定。2007 年 4 月 18 日，在系统电压变化后华新站换流变压器有载分接开关自动调节，虽然有载分接开关内部无异常，但变压器油路改变、油流继电器定值未修改，有载分接开关频繁动作后导致保护误动。

1.1.37　新建工程换流变压器 Box-in 顶面对气体继电器的距离要考虑最大积雪深度，防止气体继电器被积雪覆盖或积雪厚度超过套管升高座的顶部。

1.1.38　换流变压器、油浸式平波电抗器对接法兰结构应设置密封圈放置凹槽，确保密封良好。

1.2　采购制造阶段

1.2.1　相关单位应在设备采购技术协议谈判、图纸审查、安装调试、现场验收等各阶段逐一核查非电量保护动作原理、"三取二"出口跳闸逻辑、二次回路电源设计等是否满足标准要求，发现问题应立即整改。

1.2.2 储油柜胶囊、油位计采购及厂内组装、出厂发运、现场安装时，换流变压器或油浸式平波电抗器厂家应加强产品入厂质量检验及安装质量管控，防止出现油位计浮球破裂、胶囊破裂等问题。

【释义】换流变压器、油浸式平波电抗器在生产阶段，制造厂应加强储油柜胶囊产品质量检验及安装管控。2015 年 6 月 12 日，德阳站极 I Y/D B 相换流变压器本体储油柜呼吸器出现喷油。停电后对胶囊进行检查，发现油位计浮球破裂，固定浮球螺杆裸露，螺杆刺破储油柜胶囊（见图 1-6～图 1-9）。

图 1-6 换流变压器本体储油柜呼吸器喷油

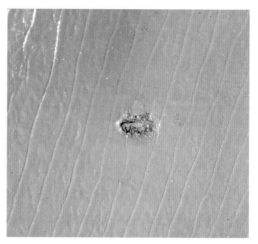

图 1-7 胶囊油位计上方的第 1 个孔洞

图 1-8 胶囊挂点处的第 2 个孔洞

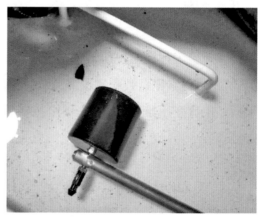

图 1-9 裸露的螺杆尖端

1.2.3　产品设计阶段，气体继电器、油流继电器生产厂家应提高磁铁等零部件材质选型标准，加强装配工艺控制和出厂质量检验，保证动作定值偏差不应超过±15%、浮球永磁面动作行程不小于 2mm，防止因继电器磁铁老化失效、浮球破裂进油导致保护误动，防止玻璃观察窗破裂、内部接线柱和固定底板密封不严导致漏油。

【释义】2010 年 12 月 9 日，鹅城站有载分接开关油流继电器 14.1 跳闸导致极闭锁。闭锁原因为磁铁与干簧接点间装配距离不满足要求（与其中一副接点距离较近，容易误吸合），同时油流继电器挡板与磁铁传动的活动接触部分为螺纹结构，螺纹耐磨损能力不够，在长期运行振动且在特殊条件下挡板振幅加大导致接点误动作（见图 1-10、图 1-11）。

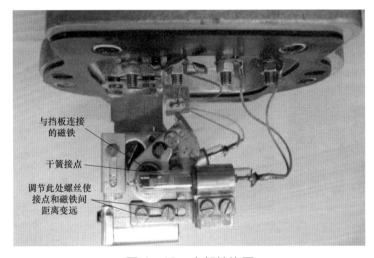

与挡板连接的磁铁

干簧接点

调节此处螺丝使接点和磁铁间距离变远

图 1-10　内部结构图

图 1-11　EMB 厂家人员调节干簧接点接线

【释义】伊敏站有载分接开关油流继电器内部整定磁铁破损、老化失磁，导致动作值发生改变，引发误动。

【释义】"浮球永磁面动作行程"定义为气体继电器浮球从高位运动至干簧触点导通时的距离，该距离间接反应气体继电器的动作灵敏度。即标记浮球高位为点 1，干簧触点导通位置标记为点 2，测量两点间直线距离。2018 年 10 月 25 日，银川东站极Ⅱ换流变压器非电量保护动作，极Ⅱ闭锁。现场检查异常气体继电器"浮球永磁面动作行程"最小，抗干扰能力弱，存在误动风险（见图 1-12、图 1-13）。

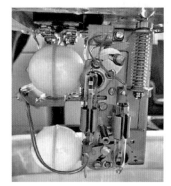

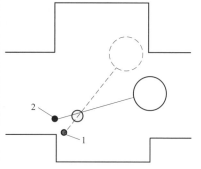

图 1-12　继电器侧面结构图　　　　图 1-13　"浮球动作行程"示意图

【释义】金华站运行期间，相继出现 5 台换流变压器本体气体继电器取气盒玻璃窗破裂（见图 1-14），导致设备运行时漏油。

图 1-14　气体继电器取气盒玻璃窗破裂

【释义】2011 年 3 月 13 日，宝鸡站极 I 换流变压器重瓦斯浮球破裂进油导致保护动作。该气体继电器下浮球由于质量问题（见图 1-15、图 1-16），运行过程中出现破裂进油，浮球重量增加直至超过浮力，下沉导致重瓦斯保护误动作。

图 1-15　内部渗油的下浮球　　　　图 1-16　正常的下浮球

【释义】2017 年 7 月 31 日，韶山站极 I 高端 Y/D A 相换流变压器网侧套管气体继电器存在渗油，检查原因为气体继电器内部接线柱和固定底板处存在工艺缺陷，油隔离部位密封不严，在运行振动下产生缝隙导致渗漏油。

1.2.4　换流变压器、油浸式平波电抗器气体继电器应配置采气盒，采气盒应安装在便于取气的位置。

【释义】2019 年 1 月，昌吉站验收检查及隐患排查发现高端换流变压器本体气体继电器未配置取气盒。

1.2.5　换流变压器、油浸式平波电抗器气体继电器应增设支撑结构，防止因运行振动导致气体继电器误动。

【释义】2010 年 2 月 7 日、2011 年 7 月 31 日，灵宝站油浸式平波电抗器重瓦斯继电器在换相失败过程中，由于主联管悬梁臂结构、软连接放大了振动，气体继电器与本体产生了共振，导致单元 II 闭锁。

2013 年 7 月 5 日，枫泾站油浸式平波电抗器气体继电器连接部位存在结构设计缺陷导致保护误动。气体继电器与储油柜相连的波纹管为软连接，与本体连接为管道硬连接，形成悬梁臂结构（相当于一端悬空），放大了振动。在换相失败等大电流工况下可能发生共振，导致气体继电器误动。

2013 年 7 月 13 日，团林站极Ⅰ油浸式平波电抗器重瓦斯保护动作跳闸。当逆变侧枫泾站换相失败时，团林站低压限流功能连续动作 4 次。大电流穿越导致平波电抗器振动，气体继电器振动被放大后误闭锁。

1.2.6 换流变压器、油浸式平波电抗器本体油温计安装底座与油箱本体之间应采用固定焊接方式，禁止采用螺纹可拆卸结构。

【释义】2012 年 5 月 23 日，柴达木站极Ⅰ换流变压器绕组温度计衬管与温度计座之间连接密封面漏油。原因为换流变压器厂家未执行温度计座与箱盖应采用固定焊接方式的技术要求。

1.2.7 换流变压器、油浸式平波电抗器应加强线圈柱间连线导线固定、等电位线绝缘防护，防止带电运行过程中由于导线移位、绝缘受损等因素造成局部环流、过热产气。

【释义】近年来，宜宾站、华新站、苏州站相继发生阀侧线圈柱间连线（手拉手结构）由于带电过程中导线移位、绝缘受损等因素形成局部环流、过热产气（见图 1-17）。

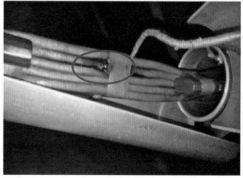

图 1-17　阀侧柱间连线存在烧蚀

1.2.8 器身绝缘装配时，应采取防护措施防止硅钢片绝缘漆膜破损，引发局部片间短路。

【释义】器身绝缘装配过程中应加强插铁工艺控制，减少人为操作引起的故障。2015 年 8 月 20 日，灵州站 HY4 换流变压器（保变生产）器身装配时，检查发现上铁轭端面第 4 级磕碰损伤，局部片间短路。原因为插片时操作防护不当，夹刀碰伤上轭端面所致。后修整受伤硅钢片，片间加垫绝缘纸片，经检测片间无短路，符合要求。

1.2.9 上下节油箱、法兰连接面（套管、升高座等）应进行等电位连接。

【释义】通过等电位线连接，可有效地防止换流变压器在某些特殊情况下温升过热问题。绍兴站高端换流变压器（山东电工生产）因箱盖与箱沿接触处未去漆，造成温升过热。通过对过热点位置去漆、加等位线，有效地解决了温升过热问题。

【释义】换流变压器在制造过程中，等电位线未连接可能引发局部放电。2020 年 8 月 20 日，南昌站 LD3 换流变压器（秦变生产）在厂内开展空载试验时发生故障，排油检查后发现阀侧 a 引线与均压管的等位连线由于操作失误未连接，致使均压管悬浮，空载试验时均压管对引线放电（见图 1—18、图 1—19）。

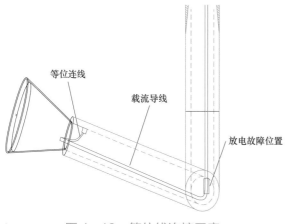

图 1—18 等位线连接示意

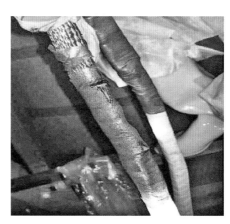

图 1—19 等电位引线放电痕迹

1.2.10 换流变压器、油浸式平波电抗器应在厂内开展全部组部件试装，确认汇控柜控制功能、元件性能满足设计要求，防止运抵现场后出现联管尺寸不匹配、组部件干涉、温度计毛细管长度不满足要求等问题。

1.2.11 应在厂内对换流变压器、油浸式平波电抗器选用的绝缘成型件、出线装置成型件等开展 X 光检测并存档备查，线圈绕制、器身装配、产品总装等阶段应做好作业环境控制、等电位线等安装质量检查，拆装时应核查出线装置内表面是否有磕碰损伤痕迹并存档备查，运输时应核查出线装置固定工装是否牢固、分布是否合理，防止运输受损。

【释义】近年来对各换流站在运换流变压器运行情况分析来看，故障原因主要包括：内部绝缘件存在缺陷导致异常产气，内部紧固螺栓松动导致异常产气，铁芯、夹件存在异物或杂质，网侧 GOE 套管拉杆与底部接线端子松脱，有载分接开关故障、匝间短路故障等。

2018 年 6 月 4 日，天山站极Ⅱ低端 YY B 相换流变压器故障，返厂检修发现为网侧线圈制造工艺不良导致运行期间匝间短路。

2018 年 5 月 27 日，广固站换流变压器在并网运行后乙炔超标。内检发现屏蔽棒接地螺栓松动脱离夹件螺孔，导致屏蔽棒产生悬浮电位，引起屏蔽棒接地片、螺栓及夹件发生裸金属放电。

【释义】绝缘成型件和出线装置等应在入厂时进行 X 光检测，避免存在缺陷、破损、松动、安装不可靠或者存在异物等问题。

昌吉站 LD 换流变压器（沈变生产）均压球外环绝缘包扎处理后，入厂经 X 光检查，发现内腔支撑错位、开焊以及异物问题（见图 1-20、图 1-21）。发现问题后，厂内对均压环进行了更换。

南昌站 LD1 换流变压器（秦变生产）阀侧操作冲击试验放电，解体检查后发现阀侧成型引线端部绝缘纸浆存在空腔缺陷，导致该处绝缘耐受强度降低，造成对心柱地屏及拉板放电击穿（见图 1-22、图 1-23）。

图 1-20 内腔支撑未在应有位置

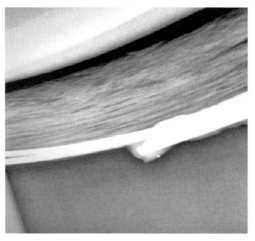

图 1-21 内圈焊接处开焊

图 1-22 阀引线出头及角环放电

图 1-23 阀引线出头绝缘爆开

【释义】做好作业环境控制，检查是否存在破损，是否有异物、杂质进入换流变压器。

2020 年 3 月 9 日，海南站 LD2 换流变压器（保变生产）预局放试验局放超标，排油检查发现柱 2 网侧上压板浸油孔存在异物（见图 1-24），后通过增加清理吸尘的频次，制定有针对性的管控措施，后更换相应绝缘件并复装后复试试验通过。

广固站 LY3 换流变压器（山东电工生产）现场安装前检查发现，冷却器支架下部方管内壁漆膜脱落，随油流冲入并沉积在油箱内部导油盒一侧。分析原因为方管内壁喷涂油漆过多，导致漆膜厚度超标，未干透后漆膜脱落（见图 1-25）。

图 1-24　上压板浸油孔内异物　　　　　　图 1-25　漆膜脱落情况

【释义】拆装时，应核查出线装置内表面是否有磕碰和损伤痕迹，以及出线装置固定工装是否牢固、分布是否合理，避免运输过程中对出线装置造成二次损伤。2020 年 5 月，海南站低端换流变压器（保变生产）在运至现场后，检查发现阀侧升高座内表面有裂纹、撕裂、折痕等异常，经排查发现部分为阀侧出线装置在拆装时磕碰导致，部分为运输定位工装未经倒角处理在运输过程中损伤（见图 1-26）。后续问题出线装置均返厂修复，并更新包装定位工装，将其倒角处理，包覆绝缘纸板（见图 1-27）。

图 1-26　出线装置底部撕裂　　　　　　　图 1-27　改进后的定位件

1.2.12　有载分接开关联管应采用标号不低于 S30408 不锈钢材质；联管与法兰的角接头应采用氩弧焊等气体保护焊进行双侧焊接，焊接区域外部喷漆、内部不涂漆并严禁使用喷砂工艺；联管应在厂内完成焊接、酸洗、外观检查、内窥镜检查以及探伤等工作；运输储存过程应内置干燥剂，法兰两端加装密封装置，防止异物进入联管内部。

1.2.13 换流变压器厂家应做好有载分接开关入厂检验，包括外观查验、出厂试验报告核查、机械传动和切换结构检查等，保证有载分接开关结构完好、功能正常。

【释义】 换流变压器有载分接开关入厂后应进行机械传动和切换结构检查。张北站换流变压器（山东电工生产）有载分接开关传动轴零件由于原材料质量问题，在换流变压器制造厂内开展一定数量有载分接开关切换操作后，发现分接选择器存在质量隐患（见图 1–28、图 1–29）。后续将所有台次的问题零件更换后投入运行。

 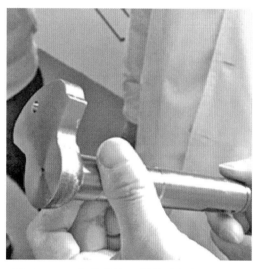

图 1–28 有载分接开关传动轴　　图 1–29 有载分接开关传动轴问题零件

1.2.14 潜油泵的轴承应采取 E 级或 D 级，禁止使用无铭牌、无级别的轴承。对强油导向的变压器潜油泵应选用转速不大于 1500r/min 的低速潜油泵。在运工程不做强制要求。

1.3 基建安装阶段

1.3.1 气体继电器、油流继电器、压力释放阀在现场安装之前，应取得有资质的校验单位出具的校验报告。

1.3.2 油流回路联管法兰连接部位（含波纹管）在水平、垂直方向不应出现超过

10mm 的偏差，防止运行过程中法兰受应力作用出现松脱或开裂；法兰密封圈应安装到位，防止因安装工艺不良引发渗漏油。

【释义】2015 年 6 月 27 日，金华站极Ⅱ高端换流变压器本体与冷却器连接部位阀门大量喷油。原因在于冷却器进油阀门与散热器间弯管尺寸不符合要求，过渡波纹管两侧联管存在 15mm 的高度偏差（见图 1-30），阀门法兰长期受到外部应力作用导致开裂。

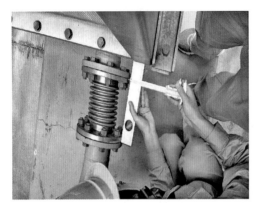

图 1-30　冷却器波纹管高度偏差超标

2015 年 6 月 12 日，中州站重瓦斯保护动作导致极闭锁。原因为安装于主气体继电器与储油柜之间的断流阀与两侧管道连接的法兰在水平、垂直方向存在较大偏差，运行振动过程中导致断流阀法兰面松脱漏油。

2017 年 2 月 28 日，金华站极Ⅱ高端 Y/D A 相换流变压器底部油管与本体密封板漏油，原因为内部密封圈存在移位或破损。

1.3.3　储油柜胶囊现场安装时，应全过程跟踪并开展密封试验，防止胶囊损坏。

【释义】2015 年 6 月 15 日，金华站高端换流变压器本体吸湿器大量漏油，胶囊泄漏监测装置报警。检查发现储油柜胶囊存在 2 处破裂点，导致内部进油。该换流变压器储油柜和胶囊是从变压器厂分别单独运输到现场后组装，安装时胶囊被钝物砸伤，组装后未进行胶囊密封试验。

1.3.4　所有油回路阀门均应装设位置指示装置或阀门方向指示标志以及阀门闭锁装

置，防止人为误动或阀门在运行中受振动发生状态改变。

1.3.5 新变压器油运抵到站后，换流变压器或油浸式平波电抗器制造厂家应提供变压器油无腐蚀性硫、结构簇、糠醛、油中颗粒度和 T501 等检测报告。

1.3.6 施工单位应建立套管接头施工档案，做好接头打磨和导电膏涂抹工艺管控，并将直阻测量和力矩检查作为初始值存档，螺栓紧固到位后应画线标记。

1.3.7 室外开展换流变压器或油浸式平波电抗器内检、器身装配或管路组件更换等破坏本体密封的操作作业时，应选在无尘土飞扬及其他污染的晴天时进行，不应在空气相对湿度超过 75% 的气候条件下进行。如相对湿度大于 75% 时，应采取必要措施。

1.3.8 换流变压器、油浸式平波电抗器抽真空时，真空泄漏率的检查应符合技术标准规定，当真空度达到规定值后，持续抽真空时间应符合产品技术规定且不应少于 48h。

1.3.9 套管的安装和内部引线的连接工作在一天内不能完成时，应封好各盖板后抽真空至 133Pa 以下，注入露点低于 −40℃ 的干燥空气，器身内压力应保持在 0.01～0.03MPa，并做好检查记录，防止器身受潮。

1.3.10 换流变压器、油浸式平波电抗器户外布置时，气体继电器、油流速动继电器、压力释放阀等非电量保护装置应加装防雨罩并采取措施防止带电运行过程中防雨罩损伤电缆；非电量保护装置接线盒的引出电缆应以垂直 U 形方式接入继电器接线盒，避免高挂低用；电缆护套应具有防进水、防积水保护措施，防止雨水顺电缆倒灌。

【释义】2020 年 7 月 9 日，宜昌站换流变压器本体压力释放阀误动告警。分析原因为潮气进入压力释放阀接线盒内导致接点绝缘下降（见图 1−31），引发压力释放告警。同时，智能终端开入逻辑设计存在缺陷，将告警判断为装置紧急故障，导致单元Ⅱ直流系统因两套极控系统先后紧急故障退出运行，引发直流闭锁。

2016 年 6 月 2 日，团林站极Ⅰ Y/D B 相换流变压器重瓦斯动作跳闸，经检查故障原因为近期暴风大雨等恶劣天气导致电缆护套从电缆槽盒中脱落，雨水从电缆护套倒灌至气体继电器接线盒，引起重瓦斯保护动作。

图 1-31　宜昌站换流变压器压力释放阀内受潮导致接点绝缘下降

1.3.11　二次电缆如使用软铜线，应使用接线鼻子进行压接；电缆穿过穿管时应加强防护，在穿线管口应加装保护胶套，防止电缆划伤导致回路短路。

> 【释义】2019 年，黑河站、雁门关站相继出现因 MR 有载分接开关干簧管故障导致有载分接开关档位不同步，检查发现故障原因主要为二次接线回路故障，干簧管本身设计选型并无缺陷。

1.3.12　有载分接开关联管现场安装时，应对联管开展内窥镜检查，确保内壁清洁、无异物，必要时应使用热油进行冲洗。

1.3.13　对于随换流变压器运抵现场且无需在现场重新安装的有载分接开关，应在投运前对全部有载分接开关切换芯子开展现场吊检。有载分接开关现场吊检或现场安装时，应对开关芯子内部进行清洁和检查，安装完成后应对每副触头测量接触电阻，测试动作特性并存档备查。

1.4　调试验收阶段

1.4.1　换流变压器安装完成后应按照交接试验规程进行局放试验。

1.4.2　投运前，应检查确认本体储油柜胶囊与呼吸器间阀门处于打开状态，开合位置应具有明显标志；全面检查油回路阀门指示与实际位置是否正确，避免油回路阀门位置不正确导致设备故障。

【释义】2015 年 6 月 15 日，银川东站 750kV 主变压器本体储油柜与胶囊呼吸器间阀门故障呼吸不畅导致压力释放动作。呼吸器与胶囊间虽设置阀门，但阀门开合位置无明显标志，运维人员无法判断阀门开合位置。

【释义】换流变压器和油浸式平波电抗器投运前，应全面检查油回路阀门实际位置是否正确，避免油回路阀门位置不正确导致设备故障。天山站调试期间，极Ⅰ高端 Y/D A 相换流变压器本体压力释放报警，本体压力释放阀喷油。检查发现本体主瓦斯（编号为 1.1）储油柜侧阀门内部状态和外部指示不一致（见图 1-32、图 1-33）。

图 1-32　阀门状态错误

图 1-33　阀门状态正确

1.4.3　换流变压器充电后、解锁前应检查阀侧套管分压器波形，波形分析无异常方可解锁，必要时停电检查。

【释义】换流变压器阀侧中性点偏移保护是在换流阀闭锁状态下，用于检测换流变压器阀侧的接地故障。阀解锁状态下，此保护功能自动退出。换流变压器充电后、解锁前应检查阀侧套管分压器波形，防止中性点偏移保护导致直流闭锁。

1.4.4　系统调试期间应进行油箱热点检查，记录油箱发热情况并留存大负荷试验油箱发热红外图片。

1.4.5 开盖检查非电量保护接线盒跳闸接点腐蚀和紧固情况，确保接点无腐蚀、松动。

1.4.6 运维单位应在投运前核查非电量保护继电器功能完好，动作定值与定值单保持一致。

1.4.7 应开展网侧、阀侧套管外部接头力矩及直阻检查，结果满足技术要求。

1.5 运维检修阶段

1.5.1 日常巡检时，应检查确认吸湿器是否保持通畅，防止吸湿器堵塞引起压力释放阀或气体继电器动作，硅胶变色的数量不应超过总量的 2/3。气温低于 0℃时应对呼吸器油杯进行重点检查，防止空气中的水分在油杯上凝结导致呼吸器呼吸不畅。

【释义】2015 年 6 月 15 日，银川东站 750kV 主变 A 相压力释放动作跳闸，原因为呼吸器阀门外部手柄已到位，但内部开度不足，无法满足温度升高时及时平衡内外部压力的需求，导致压力释放动作。

1.5.2 换流变压器运行时禁止用摇把调节有载分接开关档位，且有载分接开关摇把接点信号不应作为有载分接开关控制回路跳闸条件。

【释义】换流变压器运行时调节分接开关档位应使用自动功能，禁止运行时通过摇把手摇调节分接开关档位。同时，分接开关摇把的接点信号不应作为分接开关控制回路跳闸的条件，避免插入分接开关摇把后导致极闭锁。2003 年 7 月 20 日，政平站换流变压器分接开关紧急跳闸导致极闭锁。该分接开关回路设计将分接开关操作手柄信号接入回路安全性监视，且使用常闭接点，运行过程中插入手柄将使常闭接点断开，分接开关监视回路误动导致极闭锁。

1.5.3 对于换流变压器、油浸式平波电抗器本体油中含气量变化趋势异常的情况，可按照"棉棒探油 – 内窥镜 – 静态保压"顺序检查胶囊是否漏油。

【释义】2015 年 6 月 12 日，德阳站极Ⅰ换流变压器 Y/D B 相本体储油柜呼吸器出现喷油现象。停电后对胶囊进行检查，发现油位计浮球破裂，固定浮球螺杆裸露，螺杆刺破储油柜胶囊。换流变压器油大量漏入胶囊内，油位计指示为假油位。

1.5.4 运行年限超过 15 年的换流变压器和油浸式平波电抗器应更换储油柜胶囊或隔膜。

【释义】对于运行年限超过 15 年的换流变压器和油浸式平波电抗器，储油柜的胶囊或隔膜应更换。葛南直流换流变压器运行年限超过 15 年，储油柜胶囊和隔膜老化，有破损渗油可能，应进行更换。

1.5.5 换流变压器、油浸式平波电抗器气体继电器未配置采气盒的，宜结合停电检修加装采气盒，采气盒应安装在便于取气的位置。

1.5.6 例行检修时，应检测非电量保护回路绝缘情况，确保回路芯间及对地绝缘良好。

1.5.7 停电检修时，对户外非电量保护继电器、接线盒按照每年 1/3 的比例进行轮流开盖检查；以 5 年为周期，对气体继电器和油流继电器轮流送检校验。无法开盖检查及送检校验的，应经省公司设备部审核报国网设备部备案。

【释义】2003 年 7 月 1 日，龙泉站换流变压器有载分接开关压力继电器跳闸导致极闭锁，原因为压力继电器跳闸接点绝缘下降，导致有载分接开关压力继电器保护误动。

2003 年 7 月 10 日，政平站换流变压器、平波电抗器因气体继电器接线端子盒内进水引起瓦斯保护动作，双极先后闭锁。确认为气体继电器选材不当、密封不严而进水受潮（见图 1-34）。

图 1-34 接线盒的受潮情况

1.5.8 停电检修时，应开展 Qualitrol 压力释放阀 C 形销缺失检查、Messko 压力释放阀传动杆锈蚀卡涩排查，发现问题应及时处理。

【释义】2020 年检期间，宜宾站全站换流变压器 70 台 Qualitrol 压力释放阀的机械转轴逐个拍照检查，发现极 I 低端 Y/D A 相换流变压器 OLTC2 压力释放阀、极 II 低端 Y/D A 相换流变压器 1 号本体压力释放阀 C 形销有缺失，及时进行了更换处理，避免了极 I 低端 Y/D A 相换流变压器因有载分接开关压力释放阀误动导致换流器闭锁事故发生。

【释义】2020 年检期间，金华站站内 60 台 Messko 压力释放阀和 24 台 Qualitrol 压力释放阀进行专项检查，发现极 II 高端 Y/Y B、C 相本体压力释放阀标杆卡涩（Messko 压力释放阀），打开防雨罩发现罩内受潮锈蚀，判断雨水沿红色信号标杆表面渗入内部。更换微动开关备品，标杆均可正常拔起。针对受潮生锈隐患，增设新型防雨罩。

1.5.9 换流变压器或油浸式平波电抗器现场加装本体排油装置时，在排油装置接入本体后、换流变压器或油浸式平波电抗器投运前应通过静置、潜油泵循环的方式，确保本体、冷却器及排油管路充分排气，避免窝气导致气体继电器误动。

【释义】锦屏站将排油装置投入运行（即排油装置管路与本体、冷却器的油路联通）后，管路中窝存的少量气体随油循环进入本体，导致 2 号分接开关气体继电器（离排油系统最近）轻瓦斯动作。窝气原因为新增排油系统管路空间小、分叉多且不规则，新增管路最高点未设计排气阀，对排油系统单独抽真空注油后，管路有时无法全部充满油，导致管路内窝存少量气体。

1.5.10 现场更换网侧套管或对网侧套管开展检修作业需要排注油时，当出线装置绝缘露空且存在窝气风险时，应进行抽真空、热油循环等工艺，避免投运后出现产氢和局放异常等情况。

【释义】2018 年 4 月 20 日，鹅城站换流变压器油中氢气超标。因年检工作按传统常规工艺对换流变压器进行排注油，对套管尾端纸绝缘中残留气泡或潮气未通过抽真空、热油循环等手段消除，导致投运后出现产氢和局放异常等情况。

1.5.11 年度检修期间，应对换流变压器有载分接开关传动轴各部位固定螺栓按照规定力矩进行检查紧固，对传动齿轮磨损情况、齿轮盒密封性进行检查并补充润滑油，防止运行期间因传动机构故障导致有载分接开关出现三相不一致等异常情况。

【释义】2019 年 6 月 25 日，雁门关站监控显示极Ⅰ高端换流变压器星接中性点电流为 41A，现场检查发现极Ⅰ高端换流变压器 YYA 相有载分接开关顶部齿轮盒 1 号分接开关档位为 15 档，2、3 号分接开关档位均为 1 档，1 号分接开关传动轴与主轴之间卡箍脱落分离，对全站双极高端 12 台换流变压器（沈变生产）分接开关传动轴进行排查，共发现 31 颗螺丝脱落，以及部分螺丝松动现象，可能为设备安装时螺栓紧固不到位，或换流变压器运行时因振动过大导致螺栓松动脱落。

2 防止套管故障

2.1 规划设计阶段

2.1.1 新建工程穿墙套管爬距应依据最新版污区分布图进行外绝缘配置,可通过增大伞间距、加装增爬裙等措施,防止套管在运行中发生雾闪、冰闪、雨闪或雪闪。

【释义】2015年1月25日,中州站极Ⅰ直流保护发生极母线差动保护动作闭锁。现场积污严重,在雨加雪环境下高端直流穿墙套管顶部形成0.8m左右雪区,造成局部电压畸变。在套管温升(约5℃)作用下湿雪逐步融化,在伞裙间形成融雪桥接,导致套管外绝缘闪络。

2019年9月6日,受台风"玲玲"影响,华新站间歇性强降雨导致极Ⅰ平波电抗器直流场侧套管雨闪。

2.1.2 新建工程换流变压器的阀侧套管升高座不应伸入阀厅。套管嵌入阀厅墙壁开口密封结构应采取防止发热结构设计,并满足承受3h火灾的要求。

【释义】开展阀侧套管封堵加强、抗爆门加装等消防提升工作,防止升高座处故障蔓延。2018年4月7日,天山站换流变压器故障导致绝缘油浸入阀厅内部,波及阀塔、阀厅等设备,导致事故范围进一步扩大。

【释义】2019 年 9 月 30 日，天山站极Ⅱ低端 Y/Y B 相换流变压器阀侧尾端套管穿墙位置温度达到 104℃，检查发现线夹处电缆绝缘皮破损，导致封堵面等电位线和内部金属产生感应电动势，产生环流，接触面电阻较大位置产生发热现象。

【释义】2016 年 5 月 3 日，绍兴站直流偏磁调试期间，极Ⅰ低端 Y/Y A 相换流变压器 Box-in 内出现焦糊味，发现该相换流变压器阀侧末端套管阀厅墙壁洞口封堵处过热，有烧焦痕迹，过热处温度达到 306℃，检查发现阀侧套管升高座金属表面与阀厅墙壁防火板金属部分接触，在防火板金属表面产生涡流，导致阀厅墙壁封堵防火板发热，温度升高将封堵材料渗耐防水膜烧焦。

2.1.3　换流变压器和油浸式平波电抗器阀侧套管、直流穿墙套管应优先选用复合外绝缘套管；对于穿墙套管采用复合外绝套时，其强度应满足套管各种条件下受力要求。对于阀侧套管，外绝缘侧若为变径方式，变径区域的电场设计应考虑足够的绝缘裕度。套管穿墙部分的封堵应使用非导磁材料。

2.1.4　换流变压器阀侧套管末屏电压测量应采用无源分压板卡。

【释义】2011～2015 年，柴达木站换流变压器阀侧套管末屏有源分压板总共烧毁 6 台，该类型板卡存在以下问题：一是多次出现烧损情况，导致中性点偏移保护禁止阀解锁或跳交流开关；二是多次出现解锁后换流变压器阀侧电压畸变。

2.1.5　新建工程中换流变压器阀侧套管（含备用换流变压器）采用 SF_6 充气套管时，压力值应远传至监视后台。套管 SF_6 密度继电器具备在线校验功能。

【释义】龙政、江城等直流工程换流变压器阀侧套管仅在阀厅内设置一个密度监视器，现有 SF_6 密度继电器仅有压力低接点，无模拟量显示且无法实时远传，无法跟踪压力、及时发现异常，无法在线补气。运行中多次出现套管压力报警，只能申请停运后才能对套管压力进行检测。

2.1.6 套管 SF$_6$ 压力或密度继电器应分级设置报警和跳闸。作用于跳闸的非电量保护继电器应设置三副独立的跳闸接点，以便在非电量元件采用"三取二"原则出口，三个开入回路要独立，不允许多副跳闸接点并联上送，三取二出口判断逻辑装置及其电源应冗余配置。

【释义】避免非电量元件采用"二取一"原则出口时单接点误动造成直流强迫停运。2003 年以来，由于非电量元件接点误动导致直流强迫停运 13 次。如：2004 年 7 月 17 日，鹅城站因极 Ⅱ Y/Y B 相换流变压器分接头 1.5 气体继电器只设置了两副独立的跳闸接点，采用"二取一"出口方式，A 系统接点受潮、绝缘降低导致极 Ⅱ 强迫停运。若将非电量跳闸接点从"二取一"改为"三取二"方式，则既降低了误动概率，又降低了拒动风险。

2.2 采购制造阶段

2.2.1 加强套管端部密封、结构受力、载流及热应力等方面设计，防止套管密封受损导致设备内部受潮。

2.2.2 加强注油口、将军帽、末屏等用于隔离套管油与空气密封部位的结构设计及密封件选型；套管将军帽与导电杆的材质应能满足载流和机械强度的要求，将军帽内螺纹与载流导管外螺纹配合紧密，且应密封良好。

【释义】2017 年 7 月 7 日，金华站极 Ⅱ 低端 Y/D A 相换流变压器网侧高压套管将军帽温度达到 100℃，将军帽进行拆卸，发现将军帽与导电杆一起转动，并未与导电杆有效分离，初步判断原因为将军帽与导电杆材质不同，不同的膨胀系数导致在温度升降变化过程中螺纹与螺牙咬合在一起，将军帽与载流导管连接螺纹松动或接触不良，导致将军帽内部异常发热。

2.2.3 换流变压器网侧套管、阀侧套管和直流穿墙套管均压环应采用单独的紧固螺栓，禁止紧固螺栓与密封螺栓共用，禁止密封螺栓上、下两道密封共用。

2.2.4 套管顶部接线端子外部接线排和引线布置方式设计，应核算引流线（含金具）

对套管接线柱的作用力，确保不大于套管及接线端子弯曲负荷耐受值。

2.2.5 严格执行金属件表面的处理工艺，保证达到附着力要求；进行电镀、涂覆前，应对附近无需处理的部位做好防护，工艺处理后清理干净，防止金属件表面油漆或镀层脱落。

【释义】2017年6月16日，高岭站现场检查发现套管头部接线柱端部发黑，中下部颜色较浅，表明此次过热的最热点位于金具与套管接线柱连接部位的上端部。另外，根据套管头部接线柱镀银层脱落现象，阀侧套管头部导流铜柱出厂时镀银工艺不良，铜柱接触面与镀银面接触不好，附着在铜柱上的镀银层强度不足，经长期运行电腐蚀等考验，镀银层出现氧化、分离脱落，导致套管接头发热。

2.2.6 套管与其他设备一起设计，如安装在它们周围的直流电流传感器等，应确保在不拆卸套管的情况下更换和维护这些设备，避免拆卸其他设备时导致套管损坏。

2.2.7 套管结构及选材应考虑强度要求，防止在安装、拆卸、例行年检（例如套管金具拆除）、搬运过程中承受过高机械应力造成设备损坏或人身伤害。在安装和运输、起吊时要按厂家的要求执行，注意套管的最大设计承受力。

【释义】2020年9月23日，绍兴站年度检修期间发现极Ⅰ低端换流器中性点ABB直流穿墙套管法兰面存在裂纹（见图2-1、图2-2），继续带电运行会带来安全隐患，经讨论分析对其进行更换。

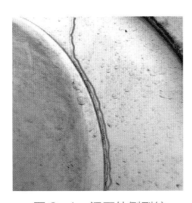 

图 2-1　阀厅外侧裂纹　　　　图 2-2　阀厅内侧裂纹

2.2.8 GOE 型号套管的拉杆与底部接线端子应采用螺栓穿心连接，避免在换流变压器（含站用变压器）运行中因温度应力导致套管接线端子与载流面松脱，造成拉弧、放电。

【释义】2018 年 6 月 2 日，宜宾站极 Ⅱ 换流变压器故障着火。现场检查为换流变压器网侧高压套管拉杆结构设计不合理，套管紫铜接线端子与黄铜载流端面突发松脱，拉弧产气，发展为对地击穿短路，短路电流达 55kA，引发爆炸起火。

2.2.9 ±320kV 及以上电压等级的直流套管不应采用发泡材料作为绝缘介质，设计时应充分考虑不同特性绝缘介质体积电阻率的差异，避免绝缘破坏导致套管损坏。

【释义】2010 年 12 月 2 日，宝鸡站巡检发现极 Ⅱ 平抗套管有放电现象。现场更换后，解体检查发现套管固体填充物（发泡材料）和环氧树脂筒内壁、套管固体填充物（发泡材料）和导电杆之间出现严重树枝状放电。套管固态填充物的电阻率各向不均匀，难以长期承受设计要求的绝缘强度，形成贯穿性放电通道，导致套管损坏。

2.2.10 新建工程换流变压器和油浸式平波电抗器阀侧套管及直流穿墙套管内部导电杆应采用一体化设计，导电杆中间不应有接头，防止接头长期过热导致绝缘击穿。

【释义】换流变压器阀侧套管内部导电杆不应采用铜铝过渡接头，防止接头长期过热后绝缘击穿。2012 年 6 月 28 日，伊敏站换流变压器阀侧套管过渡接头过热后，碳化物使电容芯子表面污染，后续发生闪络导致套管损坏，保护动作闭锁（见图 2-3、图 2-4）。

图 2-3　铜铝过渡接头熔化　　　图 2-4　芯子表面明显沿面闪络痕迹

2012 年 8 月 16 日，枫泾站平波电抗器极母线侧套管故障，极母线差动保护、瓦斯保护动作导致闭锁。该套管上部三分之一处断裂，上部套管脱落。查明故障套管铜铝接头处发热，内部存在严重放电，造成套管断裂（见图 2-5～图 2-8）。

图 2-5　套管下部

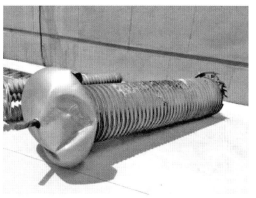

图 2-6　套管上部

图 2-7　套管断裂处

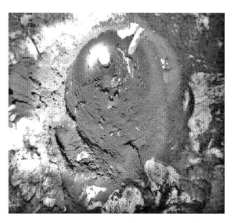

图 2-8　上端导电铝筒接触处过热烧黑

2015 年 5 月 30 日，伊敏站平波电抗器 HSP 套管发生内部放电故障。解体发现套管内导电杆铜铝过渡接头处过热痕迹明显，铝接头内部触指受热失去弹性，通流能力降低，接头发热使套管电容屏劣化，电场畸变后导致击穿。

2015 年 10 月 20 日，金华站极Ⅱ直流系统因高端穿墙套管故障闭锁，检查发现套管导管上的弹簧触指未可靠连接，导致导管过热。

2.2.11　套管接头装配应严格执行标准作业卡，装配螺丝用力矩扳手紧固并做好记录，确保装配质量，防止接头部件松动引起过电流发热。

【释义】2019 年 8 月 5 日，绍兴站极Ⅰ低端 400kV 直流穿墙套管户内侧接头发热，停电检查发现套管端子与法兰接触面紧固螺栓松动（6 颗螺栓，5 颗松动），导致直阻较大（23.5μΩ，标准为 10μΩ），拆除套管端子将接触面进行打磨处理后，复测接触面回路电阻合格（1μΩ）。同步对该套管户外侧接头进行检查，发现存在同样的螺栓松动现象。

2.2.12　套管末屏接地应牢固可靠，防止末屏接线松动导致套管损坏；防止拆、装末屏接地装置时，因末屏接地引线旋转，造成引线与电容芯子末屏的焊接点开断；应避免使用连接引线短、硬度大的末屏接地方式，避免在昼夜温差变化时冷热伸缩造成金属疲劳，导致末屏接地引线从与铝箔的接触点处断裂；套管末屏用保护帽及丝扣严禁采用铝质材料。套管打压工艺孔应密封良好。

【释义】换流变压器和平抗套管末屏接地方式设计应保证接地牢靠，防止在电荷积累后放电击穿损坏。2007 年 4 月 29 日，灵宝站换流变压器套管放电击穿，直流系统闭锁。因阀侧套管采用的末屏接地方式不牢固导致长期运行时接触不良，油中杂质飘浮于套管端部，悬浮体引起电荷在此处积聚，发生内部放电（见图 2-9）。

图 2-9　故障换流变压器阀侧 Ya 套管

【释义】套管头部密封不良时，换流变压器长期运行，套管热胀冷缩时会进一步导致套管密封失效，雨水沿着套管中的导杆流到换流变压器内部，造成换流变压器绕组及绝缘件受潮。

【释义】套管注油口、将军帽、末屏部位密封不好会造成套管油受潮，严重时会导致套管绝缘击穿、放电，需加强密封部位设计及密封件的选型，防止水汽进入套管油中。套管末屏保护帽及丝扣在套管试验期间，需频繁拆卸、安装，铝质材料硬度不如不锈钢材料，且与底座铝制丝扣反复拆卸、安装，易造成粘扣。

绍兴站年检发现极 1 高端 YD C 相换流变阀侧首端套管（HSP）末屏绝缘异常（250V 档位下绝缘为 0），套管末屏电容测量异常，电容为 0.7nF（正常为 1.5μF）。现场立即组织对该套管全面检查，其中套管介损、电容量及 SF$_6$ 微水数据均正常，对末屏引出位置干燥处理后绝缘仍为 0。发现该套管顶部工艺孔（压力释放用）螺栓松动，判断水汽由工艺孔处进入末屏腔体，导致内部受潮（见图 2-10～图 2-16）。

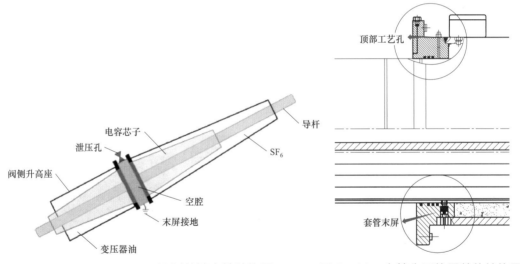

图 2-10　HSP 阀侧首端套管结构图　　图 2-11　套管末屏位置整体结构图

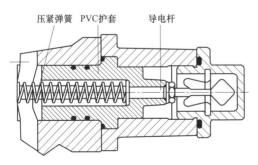

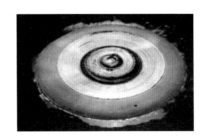

图 2-12　末屏安装横切面结构图　　图 2-13　套管末屏引出位置有水渗出

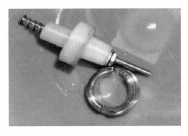  

图 2-14　末屏顶针拆解及　　图 2-15　顶部泄压孔螺栓　　图 2-16　阀侧套管末屏
空腔渗水量　　（怀疑空腔内积水从此处渗入）　　受潮处理

2.3　基建安装阶段

2.3.1　换流变压器阀侧套管金具安装时，引流导线和均压罩应保持足够安全距离，防止间隙放电或相互触碰分流发热。

【释义】2015 年度检修期间，金华站发现高端换流变压器阀侧套管一次引线与均压罩接触点有明显烧灼痕迹，其中极Ⅱ高端 YY C 相换流变压器阀侧套管均压罩烧灼严重，引线处约 20 根导线被烧断（见图 2-17～图 2-19）。

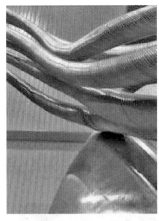  

图 2-17　更换前铝绞线与　　图 2-18　更换前铝　　图 2-19　更换前铝绞线烧断
均压罩接触　　绞线烧断

2.3.2　换流变压器阀侧套管、直流穿墙套管 SF_6 密度继电器安装时，应具有防止 SF_6 气体泄漏的安全措施。

【释义】换流变压器阀侧套管、直流穿墙套管 SF_6 密度继电器完成后，应采用检漏仪对套管拆卸的接头进行捡漏，并对一体化 SF_6 气体压力持续监视。

2.3.3 套管安装前瓷件及各部件应清洗干净，认真检查电容芯体及瓷件内表面，防止杂质附着在下瓷套内壁和电容芯体表面，避免运行中套管油中下瓷套内发生放电。

【释义】套管安装过程中内部清洁不到位，杂质会导致套管在交直流电压下电场发生畸变，从而导致放电，套管油中下次瓷套发生放电会导致换流变压器绝缘击穿，造成换流变压器重瓦斯动作。

2.3.4 应确保换流变压器油中套管的均压环及紧固件的等电位连接应可靠，避免油中接线端松动出现悬浮放电，甚至导致油中侧闪络事故；套管安装过程中检查发现油中接线端子和均压环不能可靠连接时，应及时处理更换相关部件。

【释义】换流变压器油中均压环及紧固件的等电位连接应可靠，防止油中接线端松动出现悬浮放电，甚至导致油中侧闪络事故。2017 年 7 月 31 日，金华站极 II 低端 Y/D A 相换流变压器阀侧套管放电击穿，直流系统闭锁。因阀侧套管末屏引出线内部焊点断线或接触不良，导致末屏和汇流合金带产生悬浮电位，汇流合金带处局部场强畸变产生局部放电进而发展成为套管电容屏击穿。

2.3.5 套管端子与法兰接触面紧固螺栓应用力矩扳手按规定力矩进行紧固，并用记号笔画线标记，防止出现螺栓松动而导致虚接现象，造成接头发热。螺栓应采用 8.8 级高强度螺栓。

2.3.6 作为备品的 110（66）kV 及以上套管，其存放方式应按厂家技术文件要求存放。如水平存放，其抬高角度应符合制造厂要求，以防止电容芯子露出油面受潮。油浸电容型套管在水平运输、存放及安装就位后，带电前必须进行一定时间的静放，其中 1000kV 应大于 72h，750kV 套管应大于 48h，500（330）kV 套管应大于 36h，110（66）～220kV 套管应大于 24h。

2.4 调试验收阶段

2.4.1 换流变压器和油浸式平波电抗器投运前应检查套管末屏端子接地良好，防止末屏接地不良导致套管损坏。若需更换末屏分压器，应确认分压器电容与套管主电容满足匹配关系。

【释义】换流变压器套管末屏通过触指与接地点连接，长期运行容易出现接触不良，每年应利用年度检修机会定期检查（见图 2-20）。

图 2-20 阀侧套管末屏引线连接

2.4.2 备用换流变压器网侧及阀侧高低压套管应短接接地，防止套管因静电感应产生的悬浮电位及电荷累积对检修人员造成危险。

2.5 运维检修阶段

2.5.1 对于存在套管的伞裙间距低于标准的情况，应采取加装增爬裙等措施；严重污秽地区可考虑在绝缘外套上喷涂防污闪涂料；对加装辅助伞裙的套管，应检查伞裙与瓷套的粘接情况，防止粘接界面放电造成瓷套损坏。

【释义】2015 年 1 月 25 日，中州站极 I 直流保护发生极母线差动保护动作闭锁。现场积污严重，在雨加雪环境下高端直流穿墙套管顶部形成 0.8m 左右干区，造成局部电压畸变。在套管温升（约 5℃）作用下湿雪逐步融化，在伞裙间形成融雪桥接，导致套管外绝缘闪络。

2019 年 9 月 6 日，受台风"玲玲"影响，华新站间歇性强降雨导致极 I 平波电抗器直流场侧套管雨闪。

2004 年 11 月 6 日、2009 年 2 月 26 日，江陵站与龙泉站直流极母线差动保护动作闭锁，检查发现直流分压器用复合套管外绝缘有两处放电痕迹，发生闪络的原因为外绝缘爬距设计偏小，未喷涂污闪涂料或加装防污闪辅助伞裙措施，造成复合套管的憎水性完全消失导致运行中发生外绝缘闪络。

2.5.2　定期检查气体管道是否发生异常折弯导致管道受损，检查记录套管 SF_6 气体压力和参考温度，进行历史数据比对分析，确认无泄漏。

【释义】安装换流变压器阀侧套管 SF_6 继电器时，应注意检查导气管端部接头，防止破损导致 SF_6 气体泄漏。

金华站 2014 年 12 月 24 日，现场检修人员开展换流变压器在线监测状态量分析时，发现极 II 低端 Y/Y C 相换流变压器阀侧 4.1 套管压力异常，经检测发现套管本体充气接头断流阀泄漏，停电检查确认故障位置为换流变压器阀侧套管 SF_6 导气管端部接头（见图 2-21）。

图 2-21　套管本体充气接头断流阀泄漏

2.5.3 定期进行套管红外测温，套管本体和端子导体的温度（精确测温）不应有跃变；相邻相间套管本体和端子的导体温度（精确测温）不应有明显差异。

【释义】套管接线端子承受电流较大，若接触不良易造成异常发热，需定期进行套管红外测温。

2019 年 6 月 15 日，灵绍直流降压运行，绍兴站红外测温发现：极Ⅰ高端 400kV 穿墙套管直流场接头最高温度 83℃（负荷电流 5000A）（见图 2-22）。

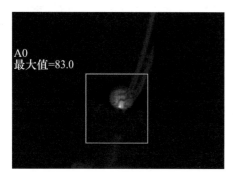

图 2-22 穿墙套管接头温度异常

2.5.4 停电检修期间应进行外绝缘清扫，检查外表无损伤。

【释义】为防止套管表面积污严重，造成套管污闪的放电故障，在停电期间需对套管外绝缘进行清扫，检查外表有无损伤。

2.5.5 新采购油纸电容套管在最低环境温度下不应出现负压。生产厂家应明确套管最大取油量和取油次数，避免因取油样而造成负压。

2.5.6 运行巡视应检查并记录套管油位情况，当油位异常时，应进行红外精确测温，确认套管油位。当套管渗漏油时，应立即处理，防止内部受潮损坏。

3 防止换流阀（阀控系统）故障

3.1 规划设计阶段

3.1.1 每个单阀中应具有一定数量的冗余晶闸管。各单阀中的冗余晶闸管数应不小于 12 个月运行周期内损坏的晶闸管数期望值的 2.5 倍，且不应少于 3 个晶闸管。

3.1.2 每个单阀中晶闸管冗余越限跳闸阈值宜整定为：（单阀串联晶闸管数 − 根据晶闸管反向长雪崩击穿电压和正向过电压保护（BOD 保护）动作阈值确定的单阀最小晶闸管串联数）+1。根据晶闸管反向长雪崩击穿电压和正向过电压保护（BOD 保护）动作阈值确定的单阀最小晶闸管串联数（$n_{\min}$）至少满足 $n_{\min} = \max(n_{\min 1}, n_{\min 2})$，其中 $n_{\min 1}$，$n_{\min 2}$ 分别满足如下条件：

$$n_{\min 1} = \frac{SIWL \times k_{\mathrm{d}}}{V_{\text{晶闸管反向长雪崩击穿电压}}} \quad （向上取整） \tag{3-1}$$

式中：$SIWL$ 为跨阀操作冲击耐受水平，k_{d} 为操作冲击电压下单阀电压分布系数。

$$n_{\min 2} = \frac{SIPL \times k_{\mathrm{d}}}{V_{\text{晶闸管正向过电压保护阈值}}} \quad （向上取整） \tag{3-2}$$

式中：$SIPL$ 为阀避雷器保护水平。

【释义】 苏州站极Ⅰ、极Ⅱ高端换流器单阀串联晶闸管数为 56 级，冗余晶闸管数为 2 级，单阀晶闸管故障跳闸定值为大于 6 级。极Ⅱ低端换流器单阀串联晶闸管数为 58 级，冗余晶闸管数为 2 级，单阀晶闸管故障跳闸定值为大于 2 级。由于不同厂家采用不同的计算和校核方法，导致单阀实际冗余晶闸管数量偏差较大。

3.1.3 阀控系统应实现完全冗余配置，除光发射板、光接收板和背板外，其他板卡应能够在换流阀不停运的情况下进行故障处理。

3.1.4 阀控系统功能板卡应具有完善的自检功能，运行、备用系统均能上送告警信号，当系统出现异常时应请求系统切换，防止误发跳闸命令。

【释义】2011 年 8 月 9 日，高岭站 OWS 报"单元Ⅱ东北侧 020B 换流变压器非电量保护屏保护异常告警""单元Ⅱ 极控系统收到外部跳闸信号"，单元Ⅱ东北侧换流变压器进线开关 5062、5063 跳开，单元Ⅱ华北侧换流变压器进线开关 5131、5132 跳开，直流系统闭锁。经现场检查分析，判断故障原因为，VBE 机箱-A1 中的 D2 处理器板工作不稳定，与极控系统通信时有时无，由于 VBE 自检功能不完善，导致无法检测到该故障。

2019 年 7 月 20 日和 8 月 1 日，南桥站极Ⅱ各发生一次保护 PPRA、B 系统检测到连续换相失败保护动作，极Ⅱ闭锁。经检查分析，确认故障原因为阀控 VBE D3 阀第 1 块 LE 板接口芯片异常导致阀误触发，从而引起换相失败。VBE 的 LE 板无冗余的处理器，不能实现对来自 A、B 系统 MC 板触发脉冲进行独立处理，且不具备对故障检测的能力。

3.1.5 阀控系统应具备试验模式，在不需要极或换流器控制系统配合下，实现阀控系统、晶闸管触发单元和高压通信光纤的闭环试验，至少包括晶闸管导通、光纤回路诊断和晶闸管级回路阻抗等试验。

3.1.6 新建工程阀控系统应具有独立的内置故障录波功能，录波信号应包括但不限于阀控触发脉冲信号、回报信号、与极或换流器控制系统的交换信号等，在直流闭锁、阀控系统切换或异常时启动录波。

3.1.7 阀控系统与极或换流器控制系统应采用标准化接口设计，采用一对一连接方式，阀控主备系统状态跟随对应极或换流器控制系统。

【释义】2016 年 5 月 6 日，银川东站极Ⅰ极控 A 系统光耦模块发生放电故障，使阀控 A 系统无法正常收到极控 A 系统有效运行状态，阀控系统处于同从状态。在同从状态下，阀控系统发出闭锁指令，导致极Ⅰ闭锁。

3.1.8　阀控系统内部传输的跳闸、DEBLOCK、ACTIVE 等重要信号不应采用单一电平信号传输分配至各机箱，应优先采用调制信号，防止单一元件故障，导致信号传输状态错误。

【释义】部分技术路线阀控系统 CLC 接口板与主控板之间 37 针线内 DEBLOCK、ACTIVE 二次接口信号为电平信号，通道故障无法检测，当出现 DEBLOCK 信号断线时，VBE 主控板会停发脉冲，引起误触发保护动作闭锁直流，存在拒动或误动风险。

部分技术路线阀控系统主控板涉及跳闸的驱动芯片正常时，若有跳闸信号输出为低电平，无跳闸信号时输出为高电平。当驱动芯片损坏后易导致 VBE_TRIP 信号输出异常，若芯片故障状态下输出持续为高电平，VBE_TRIP 信号无法正常送到极控，存在拒动风险；若故障状态下输出为低，VBE_TRIP 信号误动，存在误动风险。

部分技术路线阀控系统机箱内部 MC 处理器板卡输出到 IO 接口板的跳闸信号为高、低电平信号，当接口芯片异常时，阀控系统跳闸回路将不能正常工作，存在拒动风险。

3.1.9　新建工程采用调制信号传输的阀控系统应完善 CP 信号的监视逻辑，当连续 20ms 没有检测到 CP 信号为 1MHz 时，视为该信号出现异常（投旁通时除外），上报 CP 信号异常的报警事件，同时启动阀控系统内置录波。

【释义】阀控系统接收到的 CP 控制脉冲的相位错误，或者 CP 信号出现间断丢失且没有超过通用接口规范要求的 60ms 连续检测不到 1MHz 调制信号的情况。阀控系统无法识别出上述两种故障，可能导致换流阀触发异常。

3.1.10　阀控系统处于试验模式时，应置 VBE_OK 信号无效，避免发生误操作。

【释义】部分技术路线阀控系统处于试验模式时，未置 VBE_OK 信号无效，后台无告警信息，仅在阀控机箱上有信号灯指示。若在试验结束后未退出该模式，进行充电解锁操作时，因阀控系统处于试验模式时，不接受来自换流器控制系统的控制脉冲，导致对应换流器不能正常触发。

3.1.11 直流系统解锁状态下，阀控系统丢失换流变压器充电信号时，应保持正常触发功能，不应发请求闭锁指令。

【释义】2013 年 12 月 7 日，高岭站 CB_ON 信号丢失导致单元Ⅱ闭锁。高岭站单元Ⅱ采用的西门子阀控系统，其 CB_ON 信号丢失后直接导致阀控系统出口闭锁。

3.1.12 每套阀控系统应由两路完全独立的电源同时供电，并且两路电源经变换器隔离耦合后应直接供电，一路电源失电，不影响阀控系统的工作。阀控系统电源应具有监视报警功能，单路电源模块故障或外部失压时应上送报警事件。

【释义】2007 年 10 月 12 日，华新站极Ⅱ VCU A 柜 PS900A 板卡故障，将对应极控系统切换至 TEST 状态，进行板卡更换。在更换过程中，值班系统检测到阀控紧急故障，因无备用系统切换，极Ⅱ闭锁。经查发现 VCU 柜 24-24V DC/DC 电源模块电压输出不稳定，导致 PS900 板卡工作不稳定。

3.1.13 极或换流器控制系统检测到阀控系统故障时应产生相应事件记录，事件记录应完备、清晰、明确，避免出现歧义，并在不外加任何专用工具的情况下，根据相应事件记录能够确定故障位置和数量信息。

3.1.14 阀控柜应具备良好的通风、散热功能，防止阀控系统长期运行产生的热量无法有效散出而导致板卡故障。

3.1.15 阀避雷器应具备就地动作计数器和后台动作报警信号，便于对照判断，及时发现异常。

3.1.16 阀塔漏水检测装置动作宜投报警，不投跳闸。

3.1.17 阀塔水管设计时，应最大限度减少水管接头的数量，宜选用大管径冷却管路。

3.1.18 阀塔接头（包括内部及外部接头）接触面积、材质选择应满足通流能力要求，载流密度应大于运行实际值，载流能力符合技术要求。设计文件中应包含接头材质、有效接触面积（去除螺栓孔面积）、载流密度、螺栓标号、力矩要求等，设计图纸中应包含接头形状和面积计算。通流回路连接螺栓具有防松动措施。

3.1.19 阀塔通流母排与屏蔽罩之间的等电位点应采用单点金属连接，其他固定支撑点应采用绝缘材料且安装可靠，避免造成多点接触形成环流发热。

【释义】2017 年 9 月 2 日，金华站极Ⅰ低端 Y/Y A 相阀塔底部直流母排与屏蔽罩连接处发热，原因：母排与屏蔽罩接触部位所用金属垫块有油漆，使单母排与屏蔽罩导通点接触电阻较大（测量为 2486μΩ）；母排端部一绝缘垫块产生位移，导致母排与屏蔽罩直接接触，形成通流旁路。两种原因的共同作用下，造成本次母排与屏蔽罩连接处严重发热。

3.2 采购制造阶段

3.2.1 阀塔内非金属材料应不低于 UL94V0 材料标准，应按照美国材料和试验协会（ASTM）的 E135 – 90 标准进行燃烧特性试验或提供第三方试验报告。

【释义】2013 年 10 月 8 日，南桥站极Ⅰ B 相阀塔内光缆槽表面半导体漆涂层性能劣化，在场强集中处产生多处树枝状爬电。由于光纤及扎带未按阻燃设计（均为可燃物），爬电产生的小电弧引燃光缆及扎带，导致光缆断裂、阀触发和回报脉冲丢失，VBE 判断出晶闸管冗余耗尽，导致直流闭锁。

2014 年 10 月 16 日，葛洲坝站极Ⅱ A 相 Y1 阀塔光纤发生放电，造成多个晶闸管回检光纤故障，达到晶闸管故障跳闸定值，导致直流闭锁。

3.2.2 阀模块内元件（包括晶闸管、电容器、电阻器和电抗器等）必须进行严格的入厂检验，重要元件应进行全检，并留存试验记录。阀模块内各种连接线、连接片应能通过高强度振动试验，试验强度应不低于工程技术规范对抗震设计的要求，且满足能在长期运行过程中不发生断裂、变形要求。

【释义】2020 年 3 月 7 日，昌吉站后台报极Ⅰ低端阀厅 3、12 号紫外火焰探测器报警。经紫外放电反复检测，发现极Ⅰ低端 Y/D B 相换流阀第三层 M2

模块 A1 组件电抗器附近位置存在间歇性放电现象。经现场检查，故障原因为极 Ⅰ 低端 Y/D B 相换流阀第三层 M2 模块 A1 组件第 7 号晶闸管阻尼电容之间连接片断裂，断裂原因为金属疲劳。后经振动试验发现厚度 1mm 的连接片、厚度 1mm 的打孔连接片在经过长时间振动后均未发生连接片断裂，且相对于 0.5mm 厚度连接片、0.5mm 厚度打孔连接片及 1mm 厚度软连接的振幅降低，电容端子及尾部安装位置均完好。新建换流站各换流阀厂家应在设计选型阶段加强对各组部件的型式试验验证，切实提高设备的可靠性。

3.2.3　新建工程晶闸管触发单元应优先采用低功耗设计，避免使用大功率器件，器件选型应充分考虑在各种运行工况下的电压、电流的耐受能力且有足够裕度，避免长期运行过程中因器件过应力致使板卡故障。

【释义】2017 年 11 月 8 日，锦屏站极 Ⅰ 低端 Y/D C 相阀塔单阀晶闸管 BOD 动作报警，进入阀厅发现极 Ⅰ 低端 Y/D C 相阀塔 D5 组件存在一处小火星，停电后处理发现极 Ⅰ 低端 Y/D C 相阀塔 D5 单阀第 47、48 号 TFM 板烧蚀严重，第 46、49 号两块 TFM 板卡表面有闪络痕迹，TFM 支撑绝缘板有部分烧灼痕迹，光缆支撑绝缘条有烧灼痕迹，其他部件外观完整。根据现场情况分析，故障原因为该单阀第 47 号 TFM 板上的 V19 高压二极管反向阻断能力下降，造成板卡 BOD 回路限流电阻过流起火，随后蔓延至周边其他 3 块板卡。新建换流站应严格把控换流阀元件防爆、阻燃设计，切实提高设备可靠性。

3.2.4　新建工程换流阀晶闸管应在入厂检验时开展一致性筛查，至少包括关断时间（t_q）和反向恢复电荷（Q_{rr}）等参数，并提供完整的筛查记录。不同厂家的晶闸管不能用于同一个单阀，同一个单阀应使用一致性较好的晶闸管。

3.2.5　换流阀阳极电抗器应采用低损耗的铁芯材料。

3.2.6　阀控系统所有硬件均应通过电磁兼容试验。

3.2.7　阀控系统的芯片、光纤、光通信收发模块、插槽等需选用成熟可靠的品牌，按照降额使用原则选型，并在出厂之前进行老炼筛选，避免元件不可靠导致故障。

3.2.8　新建直流工程逻辑电路区域应装设抗电磁干扰的屏蔽罩。

3.2.9　水管路材质应选用 PVDF 材料，阀塔主水管连接应选用法兰连接，选用性能优良的密封垫圈，接头选型应恰当。

【释义】2016年2月25日，灵宝站单元Ⅰ LTT换流阀A相第三层下侧层间水管堵头断裂，漏水导致多个晶闸管故障，达到VBE跳闸定值并产生跳闸信号，极控执行直流闭锁。经查堵头螺杆采用塑料材质、空心设计，机械强度较低（见图3-1）。

图3-1 阀冷塑料堵头漏水

3.2.10 阀塔主水管应采用对称固定方式，避免不对称固定引起受力不均，损坏漏水。

3.2.11 均压电极的选材、设计应满足安装结构简单、方向布置能避免密封圈腐蚀的要求，不应采用电镀工艺。电极应满足长期运行过程中不发生严重腐蚀、断裂等问题，安装前应提供使用寿命和材质检测报告。

3.2.12 新建工程晶闸管散热器、阻尼电阻、电抗器等组件分支水管的连接宜选用螺纹方式，避免使用双头螺柱。

3.2.13 应加强水管组装过程中的工艺检查，按力矩要求紧固水管接头，对螺栓位置做好标记，厂家应提供各阀模块出厂水压报告。

【释义】2008年2月8日，灵宝站LTT阀电抗器冷却水管脱落导致极闭锁。水管接头安装工艺存在问题，造成水管卡环连接部位在长期运行中热胀冷缩及振动时存在脱落隐患。

2010年10月6日，南桥站极Ⅰ阀电抗器水电阻水管脱落，冷却水喷射到A相右侧2-8层和左侧1-4层阀塔上，导致阀塔绝缘降低，层间短路，30支晶闸管击穿，桥差保护动作闭锁直流（见图3-2）。

图3-2 水电阻水管脱落

3.2.14 水管布置应合理，固定应牢靠，避免与其他水管或物体直接接触，或运行过程中受振动作用发生接触，导致水管磨损漏水。

【释义】2016年11月15日，复龙站事件记录报"极Ⅱ高端Y/Y B相阀塔漏水检测一段报警"和"阀塔漏水检测一段报警"。申请临时停运，检修人员检查发现漏水位置为极Ⅱ高Y/Y B相第四层L1电抗器底部阻尼电阻金属水管。金属水管与压板的接触面在长期运行过程中受到温湿度、灰尘及电场分布等因素的影响导致金属水管表面存在不同程度的腐蚀，且金属管壁很薄，加之长期运行受到振动摩擦易导致金属水管破损渗水。

2018年5月9日，金华站年度检修中发现换流阀阀塔屏蔽罩内侧等电位线与相近水管接触造成水管和屏蔽线受损（见图3-3）。

图3-3 阀塔屏蔽罩等电位线碰触水管

2018年8月11日，高岭站单元Ⅱ华北侧C相右侧水管，没有在卡扣和水管之间设置防磨损的部件，导致水管磨损漏水（见图3-4）。

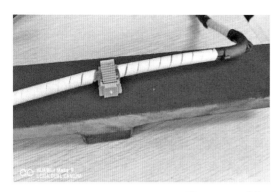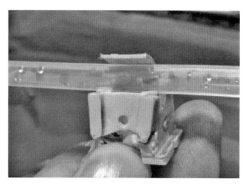

图 3-4　冷却水管扎带脱落

2019 年 8 月 18 日，南桥站由于阳极电抗器运行时长期震动，分支软管的扎带松动导致水管护套脱落，扎带与软管长期摩擦出现裂缝漏水。

3.3　基建安装阶段

3.3.1　换流阀及阀控系统安装环境应满足洁净度要求，在阀厅和阀控设备间达到要求前，不应开展设备的安装、接线和调试。在开展可能影响洁净度的工作时，应采取必要的设备密封防护措施，换流阀宜采用防尘罩，阀控屏柜及装置散热孔宜采用防尘膜。当施工造成设备内部受到污秽、粉尘污染时，应返厂清理并经测试正常并出具相关证明材料后方可使用；如污染导致设备运行异常，应整体更换设备。

3.3.2　光纤施工过程应做好防振、防尘、防水、防折、防压、防拗等措施，避免光纤损伤或污染。

3.3.3　检查每个单阀的冗余晶闸管数量满足冗余配置要求。

3.3.4　检查新建工程阀控系统试验模式工作正常。

3.3.5　二次设备联调试验时，应做好阀控系统保护功能与直流控制、保护功能配合的联调试验，防止不同厂家设备的功能设置与设备接口存在配合不当。

3.3.6　检查阀控系统保护性触发、漏水检测等保护配置、触发使能逻辑正确。

【释义】2013 年 6 月 9 日，高岭站 OWS 报"单元Ⅳ VCU 接口屏 B_东北侧系统切换""东北侧换流阀故障跳闸"。经对设备软硬件检查分析，确定故障原因为，VCU 的保护性触发监视逻辑存在缺陷，将晶闸管瞬时保护性触发动作进行重复计算，导致保护性触发越限引起直流闭锁。

3.3.7 检查阀控系统电源冗余配置、报警及抗干扰情况，并对相关板卡、模块进行断电试验，验证电源可靠性。

3.3.8 检查阀控柜选型满足要求，屏柜通风、散热良好。

3.3.9 检查阀控系统各功能板卡的连接、固定可靠，无松动。

3.3.10 应加强阀控软件的版本管理，软件修改若涉及换流阀的触发和保护等功能，厂家应模拟各种工况进行仿真试验验证，并在现场进行必要的试验验证。

【释义】2014 年 4 月 8 日，天山站极Ⅱ高端换流阀 BOD 保护动作，执行 U 闭锁，导致极Ⅱ高端换流器停运。经查发现 VBE 程序与系统调试期间的 VBE 程序版本不一致，西门子对 VBE 软件进行过升级，而未经充分试验验证。极Ⅱ高端 CCPB 系统从备用转为运行前，误判大量晶闸管 BOD 动作，当 CCP1B 进入运行时，立即发出跳闸指令，闭锁换流器。

3.3.11 阀塔安装过程中，应严格按打磨、力矩等工艺要求紧固接头。螺丝紧固后应进行标记，并建立档案，做好记录。

【释义】2010 年 12 月 10 日，银川东站 OWS 频繁报出 "极Ⅰ阀 1（Y1）模块 10 组件晶闸管 VBO 动作""极Ⅰ阀 1（Y1）模块 10 组件阀 VBO 冗余丢失""极Ⅰ阀 1（Y1）模块 10 阀组件 VBO 动作越限跳闸"报警事件，现场检查发现换流阀有放电现象后申请停电。经查阀 1（Y1）模块 10 组件 A、组件 B 的组件电容接线不牢，受振动影响松脱，导致阀组件承受的动态电压大于正常值。

3.3.12 阀塔光缆槽内应放置防火包，出口应使用阻燃材料封堵。

3.4 调试验收阶段

3.4.1 检查换流阀元器件、光纤等选材满足防火相关要求，厂家应提供相关证明材料。

3.4.2 换流阀上所有光纤铺设完后，在未与晶闸管触发单元、阀控系统、阀塔检漏计和阀避雷器等连接前应进行光衰测试，并建立档案，做好记录。光纤（含两端接头）衰耗不应超过厂家设计长期运行许可衰耗值，对超出许可衰耗值的光纤应进行更换处理；更换下来的光纤应拆除，或标记且进行等电位处理。

3.4.3 检查阀控室、阀控屏防水、防潮措施到位，独立阀控间冗余配置的空调工作正常。

3.4.4 对阀控系统板卡、模块电源冗余配置情况进行断电试验，验证电源供电可靠性。

3.4.5 运维人员模拟全部换流阀及阀控系统事件信息，检查后台事件信息显示正确。

【释义】2019 年 7 月 10 日，宝鸡站监控系统报 1 支晶闸管故障，同时发"无冗余晶闸管"报警，宝鸡站单阀冗余晶闸管数量为 3，停运后检查该单阀还有两只晶闸管故障，后台无相关报警。检查确认负责阀控报警传输的规约转换器信号组态设置错误，导致某些编号的晶闸管故障后无信息发出。

3.4.6 检查阀塔漏水检测装置动作结果正确。

3.4.7 检查阀避雷器就地指示和远传功能正常。

3.4.8 换流阀供货时应配备功能完善、性能良好的阀试验仪，调试验收时功能验证正常。

3.4.9 检查晶闸管触发单元、阻尼电容、阻尼电阻等元件连接可靠，防止因连接松动导致设备放电故障。

3.4.10 确认接头直阻测量和力矩检查结果满足 20.1 技术要求，检查螺栓紧固到位后画线标记，并建立档案，做好记录；运维单位应按不小于 1/3 的数量进行力矩和直阻抽查。

3.4.11 应加强水管接头的验收，确认每个水管接头按力矩要求紧固，对螺栓位置做好标记，并建立水管接头档案，做好记录。

3.4.12 换流阀投运前应对水管及接头漏水情况进行复检，阳极电抗器水管接头部分100%复检，其他部位复检量不小于30%。

3.4.13 厂家应提供足够类型、数量的水管、接头密封圈等备件，备件数量按使用量5%~10%配置，且不低于 2 个配置。

3.5 运维检修阶段

3.5.1 换流阀正常运行及检修、试验期间，阀厅内相对湿度应控制在60%以下且保证阀体表面不结露，如湿度超过60%或结露时应立即采取相应措施。

【释义】2020年8月19日，宝鸡站极Ⅱ阀厅C相Y5单阀6L组件发生放电现象，检查发现阻尼电容托架为支撑件，吸水率高，绝缘强度较低，湿度较大时金属抱箍内侧通过托架产生局部放电，现场紧急停运极Ⅱ直流系统进行处理。

3.5.2 在检修期间，阀厅大门应保持关闭状态，保持阀厅的密闭性，利用空调系统保持阀厅微正压状态。

3.5.3 换流阀首次带电或检修后带电时应进行关灯检查，观察阀塔内是否有异常放电点。

3.5.4 运行期间应记录和分析阀控系统的报警信息，掌握晶闸管、光纤、板卡的运行状况。当单阀内晶闸管故障数达到跳闸值－1时，应申请停运直流系统并进行全面检查，更换故障元件，查明故障原因后方可再投入运行，避免发生雪崩击穿或误闭锁（注：跳闸值为单阀晶闸管故障数达到该值时阀控系统请求跳闸）。

3.5.5 运行期间应定期对换流阀设备进行红外测温，必要时进行紫外检测，出现过热、弧光等问题时应密切跟踪，必要时申请停运直流系统处理。若发现火情，应立即停运直流系统，采取灭火措施，避免事故扩大。

3.5.6 应定期对阀塔内所有连接线、电极引线、光纤槽盒、通流回路进行排查，检查是否有电化学腐蚀、断裂等情况。

【释义】2017年9月2日，金华站极Ⅰ低端Y/YA相阀塔底部直流母排与屏蔽罩连接处发热，原因：母排与屏蔽罩接触部位所用金属垫块有油漆，使单母排与屏蔽罩导通点接触电阻较大（测量为2486μΩ）；母排端部一绝缘垫块产生位移，导致母排与屏蔽罩直接接触，形成通流旁路。两种原因的共同作用下，造成本次母排与屏蔽罩连接处严重发热。

2019年2月16日，德阳站极Ⅰ C相右侧阀塔主水管电极屏蔽碗处（第五层和第六层阀塔之间）存在放电现象。经检查发现，极ⅠC相右侧阀塔底部主出水管均压电极屏蔽碗下方的均压电极线与线鼻子连接松动脱落，导致电极线对屏蔽碗和弹簧固定杆放电（见图3-5）。

2019年6月12日，高岭站在对单元Ⅱ换流阀进行红外测温时发现，华北侧A相阀塔L侧上数第三层第2个（A3L L2）阀电抗

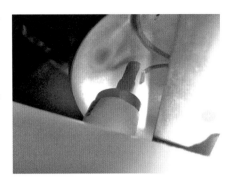

图3-5 均压电极松脱

器接头处发热，温度达到107℃。经检查发现，阳极电抗器本体接线端子为铝材质，而连线端子为铜材质，在长期直流电流运行工况下，铜、铝接触面发生电化学反应，导致铜面、铝接触面不平整，接触电阻增大，最终导致运行中发热（见图3-6）。

2020年3月7日，昌吉站极Ⅰ低端Y/D B相换流阀第三层M2模块A1组件阻尼电容模块铜质连接片断裂（见图3-7），紫外火焰探测器报警。

图3-6 铜铝接触不良　　　　　　　图3-7 阻尼电容连接片断裂

3.5.7 检修期间应对所有拆装过的设备及水管接头逐项记录，恢复后作业人员和监督人员共同进行验收并双签字，防止送电后因恢复不到位导致漏水或放电等异常事件发生。

【释义】2019年检修期间，德阳站进行过阀塔均压电极拆装除垢，检修投运后阀厅紫外放电测试发现有放电点，检查发现均压电极等电位存在虚接和脱落情况。

3.5.8 停电检修期间应开展阀塔水管路上各类阀门检查，阀门状态正常，阀门位置正确。若阀塔顶部配置分支水管阀门，在完成阀塔检修工作后，应检查确认阀门处于全开状态，并采取必要措施防止阀门在运行中受振动发生变位。

【释义】阀塔顶部分支水管阀门若处于关闭状态或未完全打开，会影响对应阀塔内部冷却水对设备进行有效的循环散热，且无法及时发现，会导致设备损坏。

3.5.9 针对进行 OLT 开路试验时，由于保护性触发误动作，导致无法完成试验的阀控系统，在进行 OLT 试验时应屏蔽保护性触发跳闸功能。

4 防止阀冷系统故障

4.1 规划设计阶段

4.1.1 阀冷控制保护系统至少应双重化配置。新建直流工程阀冷控制系统应冗余配置、保护系统三重化配置。阀冷控制系统应具备手动切换和系统故障情况下自动切换功能，防止单一元件故障不经系统切换直接跳闸出口。作用于跳闸的传感器应按照三套独立冗余配置，保护按照"三取二"原则出口，当一套传感器故障时，采用"二取一"逻辑出口；当两套传感器故障时，采用"一取一"逻辑出口。

【释义】出阀温度传感器未按三重化配置，且保护出口前不进行系统切换，存在单一传感器故障导致阀冷保护误动风险。

2017 年 6 月 9 日，银川东站极 Ⅱ 出阀温度变送器 TT04 故障，出阀温度按不利值选择，误将故障变送器的值作为保护输入信号，导致功率回降。

2009 年 10 月 24 日，江陵站极 Ⅱ CCPA 系统盘柜 H10 层 16 位置的 PS868 板卡瞬间故障，CCPA 系统未经系统切换直接发出跳闸指令，导致直流闭锁。

4.1.2 阀冷控制保护系统送至两套极或换流器控制系统的跳闸信号应交叉上送，防止单套传输回路元件或接线故障导致保护拒动。

【释义】锦屏站阀冷接口屏（VCI）送至换流器控制保护屏（CCP）的跳闸信号采用单对单的连接方式，单根接线松动或单个继电器接点故障可能导致水冷保护拒动，存在换流阀损坏风险。

4.1.3 阀冷控制保护装置及各传感器应由两套电源同时供电，任一电源失电不影响阀冷控制保护及传感器的稳定运行。

4.1.4 阀冷控制保护系统应按如下要求配置保护功能：

4.1.4.1 温度保护。

（1）阀进水温度保护投报警和跳闸，报警与跳闸定值相差不应小于 3℃。

（2）阀出水温度保护动作后不应发直流闭锁或功率回降命令。

【释义】宜宾站阀内冷水系统阀进水温度高报警和温度超高跳闸定值差距过小，定值分别为 43℃和 45℃（见图 4-1），当出现阀进水温度高报警时，运行人员应急处置时间不足。

16	进阀温度低	10	11	℃	60
17	进阀温度高	43	42	℃	2
18	进阀温度超高	45	44	℃	2
19	出阀温度高	58	57	℃	2

图 4-1　宜宾站阀内冷水保护定值单

4.1.4.2 主水流量保护。

（1）主水流量保护投报警和跳闸。

（2）若配置了阀塔分支流量保护，应投报警。

（3）主水流量保护跳闸延时应大于主泵切换不成功回切至原主泵运行的时间。

（4）进阀压力参与保护跳闸逻辑时，对于配置两套流量传感器的，按"二取一"原则与进阀压力配合参与跳闸；一套流量传感器故障时，按"一取一"原则与进阀压力配合参与跳闸。对于配置三套流量传感器的，按"三取二"原则与进阀压力配合参与跳闸；一套流量传感器故障时，按"二取一"原则与进阀压力配合参与跳闸；两套流量传感器故障时，按"一取一"原则与进阀压力配合参与跳闸。

（5）流量压力组合跳闸逻辑中，应避免因流量、压力同一类型传感器均故障后闭锁保护功能。

【释义】南桥站原配置阀塔分支流量保护，且动作后闭锁直流。2007 年 6 月 23 日，极Ⅰ内冷水系统阀塔 3B 分支流量传感器故障，直流控制保护 A、B 系统同时误发阀 3B 循环水流量低保护动作跳闸，极Ⅰ直流闭锁。目前在运工程均已不再设置阀塔分支流量保护。

2011 年 8 月 30 日，复龙站极Ⅰ高端阀内冷水系统主泵切换不成功，流量速断保护动作，极Ⅰ高端换流器闭锁。

4.1.4.3　压力保护。

（1）若配置主泵压力差保护，应投报警。

（2）出阀压力保护应投报警。

（3）进阀压力保护不应直接投跳闸，应结合主水流量保护动作出口。对于配置两套进阀压力传感器的，按"二取一"原则与流量配合参与跳闸；一套进阀压力传感器故障时，按"一取一"原则与流量配合参与跳闸。对于配置三套进阀压力传感器的，按"三取二"原则与流量配合参与跳闸；一套进阀压力传感器故障时，按"二取一"原则与流量配合参与跳闸；两套进阀压力传感器故障时，按"一取一"原则与流量配合参与跳闸。

4.1.4.4　泄漏保护。

（1）微分泄漏保护投报警和跳闸，24h 泄漏保护和补水泵运行时间过长投报警。

（2）年最低温度高于 0℃的换流站，宜取消阀内冷水系统内循环运行方式。

（3）对于采取内冷水内外循环运行方式的系统，在内外循环方式切换时应自动退出泄漏保护，并设置适当延时，防止保护误动。

（4）泄漏保护的定值和延时设置应有足够裕度，要能躲过最大水温变化、主泵切换、内外循环切换、外冷系统冷却器启停等引起的水位波动，防止保护误动。

（5）微分泄漏保护应采用电容式液位传感器。

【释义】2006 年 1 月 25 日，南桥站内冷水加压泵运行时间长误判漏水导致极闭锁。加压泵控制逻辑不合理，应取消该加压泵运行时间过长执行闭锁逻辑，由微分泄漏保护投报警和跳闸，监视漏水情况。

膨胀罐水位受温度影响较大，内外循环切换、功率变化等均会造成水位变化，泄漏保护应躲过此类情况。2009 年 8 月 15 日，高岭站单元Ⅰ因泄漏保护定值设置偏小，未能躲过昼夜温度变化造成的水位降低，泄漏保护动作，单元Ⅰ强迫停运。

现阶段在运换流站内冷水系统膨胀罐多数配置 2 个电容式液位传感器及 1 个磁翻板式液位传感器，电容式液位传感器输出为模拟量信号，磁翻板液位传感器输出为开关量信号，故磁翻板液位传感器无法参与微分泄漏保护跳闸逻辑，泄漏保护采用"二取二"逻辑，不满足保护"三取二"逻辑要求，增加了拒动风险。

4.1.4.5　水位保护。

（1）水位保护投报警和跳闸。

（2）水位测量值低于其额定液位高度的 30%时发报警，低于 10%时发直流闭锁命令。

（3）水位保护应采用电容式液位传感器。磁翻板液位计只作显示。

4.1.4.6　电导率保护。

电导率保护应投报警。

【释义】电导率保护应作用于告警和监视，不应投跳闸。2005 年 8 月 10 日，灵宝站单元Ⅰ因电导率保护投跳闸，在阀内冷水中加入乙二醇后，电导率迅速降低，超过电导率传感器测量量程，误发传感器故障信号，闭锁直流。

4.1.5　进阀压力、进阀温度、电导率传感器测量进水支路应统一安装于进阀主水管上，并位于水处理支路之后，避免受到其他回路影响。

4.1.6　阀冷控制保护系统应具备完善的自检功能，当发生板卡故障、通道故障、电源丢失等异常时，应发出报警信号并具有完善的防误出口措施。

【释义】2007 年 1 月 1 日，宜都站极Ⅱ内冷水流量保护动作导致极Ⅱ直流系统停运。将现场检查分析，并综合试验情况，判断故障原因为，阀冷控制保护系统 CCP 检测到内冷水流量低，控制保护系统发出切至 1#主循环泵"高速命令"。此时如果泵启动指令和泵状态指示信号的 CAN 总线负载过高，导致信号不能及时上传，CCP 会认为备用泵故障，并发指令切回至原故障泵运行，流量将无法快速建立，导致流量保护动作。

2014年11月20日，高岭站阀内冷水控制保护系统双CPU故障导致单元闭锁，阀内冷水控制保护系统PLCA故障后监控系统无报警事件（见图4-2），PLCB出现总线故障导致双套阀内冷水控制保护系统不可用后出口闭锁直流（见图4-3）。

图4-2　PLCA故障照片　　　图4-3　PLCB故障照片

2020年11月2日，政平站极Ⅱ阀冷系统PS830受到扰动，未能正确收到PS832板卡心跳信号，PS853输出全部置0，造成K13继电器未励磁，导致双套主泵停运引发流量低保护闭锁。

4.1.7　阀冷控制系统应对多重化冗余配置的传感器设置超差报警，并选取合理的数据源作为控制变量。

4.1.8　阀冷控制保护系统应具有传感器状态检测功能，当传感器故障或测量值超出设定的合理范围时应不参与对应保护逻辑判断，避免保护误动。

【释义】2007年6月23日，南桥站极Ⅰ内冷水系统阀塔流量传感器故障导致直流闭锁。运行过程中分支流量传感器故障，而传感器异常或测量超范围时未进行判别，导致保护出口。

4.1.9　利用外冷回水温度控制冷却器启、停时，阀冷控制系统应对外冷回水温度与进阀温度设置超差报警，并选取合理的数据源参与控制，避免由于外冷回水温度测量异常不能及时投入冷却器导致换流阀设备故障。

4.1.10　阀冷控制保护系统定值发生变动时应有告警信息。

4.1.11　安装于户外的外冷回水温度变送器应有防雨措施。

4.1.12　新建工程阀内冷系统应选择氮气稳压方式。阀外冷水处理宜采用反渗透膜方式，不宜采用树脂软化方式。

4.1.13 主泵应冗余配置，并具备切换功能，在切换不成功时应能自动回切，切换时间的选择应恰当，切换延时引起的流量变化应满足换流阀对内冷水系统最小流量的要求，避免切换过程中出现低流量保护误动。

4.1.14 主泵应具有手动切换、定期切换、故障切换、远程切换功能。

4.1.15 两台主泵均故障时不应直接闭锁直流，应由主水流量压力保护闭锁直流。

4.1.16 新建工程主泵应采用软启动方式。主泵工频回路、软启回路控制电源空开应分开配置，软启和工频任一控制回路故障时，不影响另一控制回路。软启动器应采用三相控制型并具有独立的外置工频旁通回路，启动后转为工频旁通回路运行。软启回路应具备长期独立运行能力。

> **【释义】**南桥站阀内冷水主泵软启动器无工频直接启动功能。2019 年 2 月 17 日，南桥站极Ⅰ阀内冷水 P1 主泵交流电源开关故障掉电切换，P2 主泵因软启动器故障无法正常启动，流量低保护动作闭锁直流。

4.1.17 主泵若采用变频启动方式，应满足如下原则：

（1）在主泵启动成功后，可保持变频器方式运行，或采用经延时转工频的运行方式。

（2）具备工频直接启动的应急运行方式，在两台主泵的变频器均故障的情况下，可实现主泵变频与工频的自动切换或工频直接启动的方式。

> **【释义】**2013 年 7 月 5 日，奉贤站双极换相失败过程中，复龙站调节过程中交流电压短时升高，导致双极低端内冷水循环泵变频器故障，低流量保护动作闭锁。

4.1.18 主泵前后应设置阀门，以便在不停运阀内冷水系统时进行主泵故障检修。

4.1.19 主泵交流电源开关应专用，禁止连接其他负荷。同一极（换流器）相互备用的两台主泵交流电源应取自不同母线。

> **【释义】**若主泵动力电源与其他设备共用电源开关，检修其他设备时需主

泵陪停，极大降低了阀内冷水系统运行可靠性。

4.1.20 主泵开关保护应只配置速断和过负荷保护，保护的定值要能够躲过主泵启动、切换和控制模式转换过程中的冲击电流。

【释义】2006 年 8 月 5 日，灵宝站 LTT 阀冷系统 1 号主泵在运行 168h 后向 2 号主泵切换，2 号主泵过载跳闸，再次切回 1 号主泵时也出现过载跳闸，两台主循环泵均停运，直流系统闭锁。经检查分析，确定故障原因为，主泵电源开关过载定值与主泵启动电流不匹配。

4.1.21 主泵失电切换时间应躲过 10kV 站用电备自投切换时间。

4.1.22 主泵切换不成功判断延时与回切时间之和应小于流量低保护动作时间，防止切泵时间不合理导致流量低保护动作。

4.1.23 新建工程主泵电机应配置前、后端轴承温度传感器。主泵出口逆止阀宜冗余配置，并设置逆止阀隔离阀门。

4.1.24 主泵过热保护应投报警。主泵过热报警时，若备用主泵可用则允许切换主泵，切换不成功时应回切至原主泵运行；备用主泵不可用时禁止切换。

4.1.25 若阀外冷和内冷控制系统独立配置，当外冷却双套控制系统故障不应直接闭锁直流或降功率，仅投报警。当阀外冷控制系统 CPU 与 I/O 模块通信中断时，应自动投入全部冷却器，不应导致冷却器全停。

【释义】宜宾站外水冷系统 I/O 设备经光纤与控制主机通信，外冷系统主机与 I/O 接口通信中断时会造成外冷风机、喷淋泵停运，最终会因内冷水温度持续升高造成直流停运。

4.1.26 设计阀外冷系统时，应满足在任意一台冷却塔、任意一大组风机故障退出情况下仍能保证直流系统满负荷运行的要求。

4.1.27 阀外冷系统冷却器全停或电源全部丢失情况下不应直接闭锁直流或降功率，仅投报警。

【释义】灵宝站单元Ⅰ投运初期，因阀外风冷系统风机变频器故障，电源丢失后风机全停导致降直流功率。

4.1.28 阀外水冷系统喷淋泵、冷却风机的两路电源应取自不同母线，且相互独立，不应有共用元件。

【释义】部分早期换流站喷淋泵、冷却塔全部共用同一母线（见图4-4）。电源切换装置、相关控制回路故障时会导致所有相应喷淋泵、冷却风机停运。

公共母线段，给全部喷淋泵及冷却风扇供电

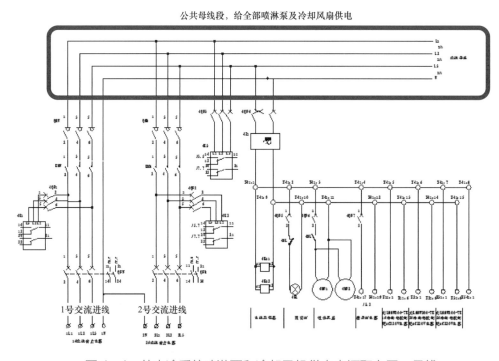

图4-4 外水冷系统喷淋泵和冷却风机供电电源取自同一母线

4.1.29 阀外水冷系统同一冷却塔的两台冗余喷淋泵电源应取自不同母线，且相互独立，不应有共用元件。

4.1.30 阀外风冷系统的全部风机电源应分散布置在不同母线上。每组风机的两路电源应相互独立，不应有共用元件。

4.1.31 阀外风冷系统应配置 $2N+2$ 路交流电源，经过各自的双电源切换装置切换

后形成 N 段交流母线，将 N 组风机平均分配到一段母线上，其他如加热器等负荷由 2 路交流电源分别供电。

4.1.32 阀外水冷系统所有冷却器信号电源不应采用同一路电源，防止单一空开故障后信号状态全丢。

【释义】2011 年 8 月 30 日，胶东站极Ⅰ外水冷安全开关受潮导致极闭锁。因阀外冷系统安全开关积水，其辅助接点受潮严重绝缘降低，跳开上级信号电源开关。该极水冷系统重要 24V 电源均由该空开提供，导致 PLC 双系统 24V 信号电源丢失后极闭锁。

4.1.33 阀外冷系统冷却器控制电源应相互独立，防止单一空开故障后导致多个冷却器同时停运。

【释义】龙政、江城等直流工程阀水冷控制保护系统中，直流控制电源分为两路，A 路直流电源用于 2 个冷却塔控制，B 路直流电源用于 1 个冷却塔控制，一旦 A 路直流电源小开关断开，就会导致 2 个冷却塔同时停运。

4.1.34 阀外冷系统设备电源开关与上一级开关过流保护定值应满足级差配合关系，设备电源开关过流保护动作时应逐级跳闸，避免越级跳闸扩大事故范围。

【释义】金华站外水冷系统电源柜负荷开关的过流定值大于上级电源开关，在故障支路负荷开关跳闸前，上级开关越级跳闸造成停电范围扩大。

4.1.35 阀外水冷系统喷淋泵宜依次启动，避免同时启动时启动电流过大。互为备用的两台喷淋泵应具有定期切换、故障切换和手动切换功能。

4.1.36 阀外水冷系统缓冲水池应配置两套水位监测装置，并设置高低水位报警。喷淋泵首次启动应检测缓冲水池水位，水位低时禁止启动。喷淋泵运行时，出现缓冲水池水位低报警时禁止停运喷淋泵。

【释义】2018 年 9 月 11 日，奉贤站极Ⅱ低端换流阀外水冷系统水处理回路进水阀门 K11 在补水完毕后未正常关闭，水冷 PLC 控制器停运原水系统和软化单元，平衡水池不能正常补水。当出现平衡水池液位低时，阀冷控制系统停运喷淋泵，内冷水温持续升高，达到跳闸定值，发出跳闸信号，极Ⅱ低端换流器闭锁。

4.1.37 阀外水冷系统喷淋泵、冷却风机应有手动强投功能，在控制系统或变频器故障时能手动投入运行。

👆【释义】ABB 公司外水冷系统冷却塔风扇为变频器控制，未设置工频强投回路，变频器故障将导致一组冷却塔的全部风扇停止运行（见图 4-5）。

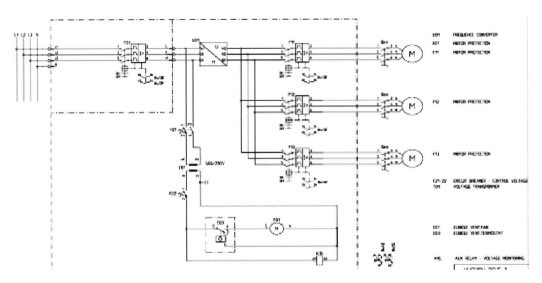

图 4-5 外水冷系统冷却塔风扇无工频强投回路

宜宾站外水冷喷淋泵无手动强投功能，当喷淋泵控制回路出现故障时会导致相对应的喷淋泵无法运行。

4.1.38 阀外水冷系统冷却塔风挡状态不应作为冷却塔投退的条件，防止风挡位置信号误报导致冷却塔退出运行。

👆【释义】ABB 公司外水冷系统冷却塔风挡信号量作为判断冷却塔投退的条件，信号误报将导致冷却塔退出运行，造成备用容量不足，同时影响阀进水温度跳闸的定值选择。

4.1.39　阀外水冷系统冷却塔的布置应通风良好,并应避免飘逸水和蒸发水对环境和电气设备的影响。

4.1.40　设计阀外风冷系统时,应充分考虑环境温度、安装位置等因素的影响,具备足够的冷却裕度。应考虑现场热岛效应,设计最高温度应在气象统计最高温度的基础上增加 3～5℃。

【释义】灵宝站单元Ⅱ外风冷设备周边为主控楼、围墙、换流变压器防噪墙(见图 4-6),导致空气流通困难,影响散热效果,导致夏季阀冷系统进阀温度高,需启动辅助喷淋。

图 4-6　阀外风冷系统安装环境

4.1.41　阀外水冷系统喷淋泵坑内应设置集水池并配置两台排水泵,排水泵具备自动启动、手动切换和故障报警功能。集水坑应配置水位报警功能。

4.1.42　阀外冷系统风扇电机及其接线盒应采取防潮、防锈措施。

4.1.43　低温地区户外供水、排水、消防管道及阀冷系统设备(阀门、仪表、密封圈、传感器等)应通过加装保温棉、增加埋管深度、选取耐低温管材、搭建防冻棚等措施,避免低温天气下管道结冰或冻裂。

【释义】2011 年之前伊敏站阀厅排水管道安装在换流变压器、平波电抗器顶部，且管道采用 PVC 材料，冬季管道结冰严重，存在因管道顶部冰柱断裂掉落砸坏换流变压器、平抗顶部气体继电器等元器件，造成单极闭锁隐患。2012 年将阀厅 PVC 排水管道改造成不锈钢管道，并对排水管道进行了重新布局，消除了单极闭锁隐患。

拉萨站供水管道设计埋深不够，导致冬季供水时结冰冻裂，引起站内供用水无法保障，两次整改仍无法满足冬季供水正常。

4.1.44 在寒冷地区，阀外冷系统冷却器应装设于防冻棚内，配置足够裕度的暖风机，且具备低温自动启动、手动启动功能，避免低温天气下阀冷系统设备结冰或冻裂。

4.1.45 阀外冷管道应采用优质耐腐蚀管材，并采用管沟或架空敷设；阀内冷主管道接头应采用法兰连接方式和密封垫密封方式，其他管路应采用可靠的连接和密封方式，并应明确螺栓紧固力矩。

4.2 采购制造阶段

4.2.1 主泵交流电源回路接触器容量应与主泵启动电流相匹配，防止接触器过热或烧损。

4.2.2 阀冷控制保护系统各类板卡需根据其功能设置故障等级，对于不影响系统运行的板卡发生故障时不应导致整套控制保护系统退出运行。

【释义】ABB 阀内冷水控制系统输入输出板卡节点的故障等级设置不合理，部分板卡故障后不影响系统运行，但系统会发紧急故障并退出运行，降低阀水冷控制系统运行可靠性。

4.2.3 主泵送至两套阀冷控制保护系统的"运行""正常"信号均应取自不同接点，防止单一接点故障导致主泵不可用。

【释义】ABB 阀内冷水系统主泵运行和正常信号取自单一接点，单个信号同时引入两套控制系统，两套控制系统信号及电源共用，单一元件故障时会导致单台主泵不可用。

4.2.4　主泵与管道连接部分宜采用软连接，防止长期振动导致主泵轴承、轴封损坏漏水。

【释义】葛洲坝站原主泵与管道间采用硬连接，2007 年 9 月 5 日，因长期震动导致极 II 内冷水系统1号主泵轴承损坏、陶瓷密封圈破裂漏水，阀漏水保护动作闭锁（见图 4-7）。

轴承损坏

图 4-7　葛洲坝站 1 号主泵轴承损坏情况

4.2.5　主泵应设计轴封漏水检测装置，及时检测轻微漏水，并上送报警信息至监控后台。

【释义】2014 年 8 月 4 日，金华站极 I 高端阀冷系统发"阀冷系统泄漏"告警，极 I 高端换流器闭锁。根据事件记录和现场检查情况综合分析，判断极 I 高端阀冷系统 2 号主泵轴封漏水导致阀冷系统泄漏保护动作跳闸。主泵漏水检测装置未能及时对漏水情况进行报警，导致运维人员不能尽早处理，造成事故扩大。

4.2.6　主泵安全开关辅助接点仅用于报警，不应作为主泵运行状态的判断依据。

【释义】若内冷水主泵安全开关辅助接点作为主泵运行状态的判断量（见图4-8），在主泵安全开关接点误动后，会引起主泵不必要的切换，导致流量、压力波动，增加运行风险。

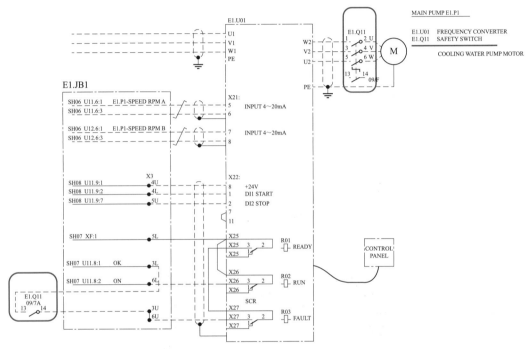

图4-8 内冷水主泵安全开关辅助接点作为主泵运行状态的判断

4.2.7 主泵安全开关不应设置低压脱扣功能，防止电压波动时导致主泵退出运行。

【释义】2014年3月24日宜宾站进行交流系统扰动试验，造成在运的极 I 低端内冷水系统在运主泵安全开关低压脱扣跳闸，主泵切换。安全开关仅起到回路隔离的功能，不具备开断电机负荷能力，该开关脱扣电流小于电机20倍启动电流，故应取消安全开关的脱扣功能。

4.2.8 阀冷系统各类仪表、传感器、变送器等测量元件的装设位置和工艺应便于维护，除主水流量传感器外，其他测量元件应能满足故障后不停运直流进行检修或更换的要求；阀进出水温度传感器应装设在阀厅外。

4.2.9 阀冷系统各类阀门应装设位置指示和阀门闭锁装置，防止人为误动阀门或阀门在运行中受振动发生变位，引起保护误动。

4.2.10 阀内冷水系统管道自动排气阀应装设在阀冷设备间，不应装设在阀厅内。

【释义】2011年1月30日，灵宝站单元Ⅰ阀内冷水系统膨胀罐水位低报警，检查发现室外内冷水管道V531自动排气阀因锈蚀破损漏水严重，现场紧急关闭自动排气阀隔离球阀紧急处理；同时管道自动排气阀若装在阀厅内，出现故障时需停运直流才能进入阀厅处理，故应装设在阀厅外。

4.2.11 阀外水冷系统冷却塔框架、壁板、底座、集水盘、风筒等应采用 AISI304L 及以上等级不锈钢材质并具有足够的强度，避免冷却塔锈蚀严重，缩短使用寿命。

【释义】胶东站原外冷水系统冷却塔框架、壁板等部件采用热浸锌钢制造，抗腐蚀能力低，在胶东地区含盐量高的潮湿空气侵蚀下，运行不足两年就已出现大面积严重锈蚀情况（见图 4-9）。2013 年实施技改，全部更换为 AISI304L 不锈钢材质冷却塔后，运行情况良好，冷却塔未再出现锈蚀情况。

图 4-9 冷却塔框架、壁板严重锈蚀

4.2.12 阀外水冷系统冷却塔外壁与框架结构结合部应采取密封措施，以防止喷淋水渗出冷却塔体。构件之间的连接应采用高强度不锈钢螺栓。

4.2.13 阀外水冷系统冷却塔风扇电机应设计在冷却塔外部，与冷却塔内湿热的环境隔离，防止风扇电机发生受潮短路故障。

【释义】胶东站冷却塔风扇电机设计在闭式冷却塔内部（见图 4-10），运行时内部高温水蒸气进入电机内部，造成电机电路绝缘性能降低甚至短路，据统计胶东站每年更换电机约 10 台，2013 年胶东站对冷却塔进行改造，将电机移至冷却塔外部以改善电机运行环境（见图 4-11），改造完成后多年未出现电机故障现象。

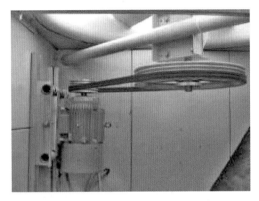 

图 4-10　改造前的风机电机位置　　　　图 4-11　改造后的风机电机位置

4.2.14　阀外风冷系统风机防护等级应至少为 IP55，并采取防雨措施。

【释义】2007 年 8～9 月，灵宝站 3 台阀空气冷却器电机出现异常声音，现场检查发现电机轴承锈蚀严重，解体检修发现电机转动卡阻原因为电机轴承轴封老化、开裂，雨水或凝露渗入电机内部导致电机的上下轴承锈蚀。

4.2.15　阀外冷系统冷却塔或空冷器进出管道若存在波纹管，应在波纹管两侧设置隔离阀门，具备不停运阀冷更换波纹管能力。

【释义】2020 年 1 月 13 日，复龙站极 I 高内水冷管道 3 号冷却塔处波纹管渗水处理停极。

2020 年 6 月 7 日，天山站极 I 高端换流阀阀内冷主管道进入外冷第二组风机的分支管道（靠主管道侧）漏水，该波纹管与内冷水主水管通过抱箍连接，换流器停电处理。

4.3　基建安装阶段

4.3.1　阀冷设备基础应考虑对主机及主泵振动影响，新建直流工程主泵及其电机应固定在一个单独的铸铁或钢座上。主泵底座安装基础底面平整度应小于 3mm，混凝土厚度应不小于 600mm，主机底座与安装基础之间采用预埋铁焊接方式固定，防止运行期间主泵振动超标导致轴承或轴封损坏。

4.3.2　阀内冷水系统管道不允许在现场切割焊接。现场安装前及阀冷分系统试验后，应充分清洗直至阀内冷水的水质满足要求。

> 【释义】阀内冷水系统各类管道应在厂内预制、现场组装，管道之间应采用法兰连接，不允许现场切割焊接。

4.3.3　阀内冷水系统冷却水应采用电导率小于 0.2μS/cm 的软化水，厂家应提供阀内冷水水质检测报告及补水水质要求。

4.3.4　阀外冷系统冷却器换热盘管安装排列应设置一定坡度，坡向应与水流方向一致，以便于设备停运时，将管束内的水顺利放空。

4.3.5　设计阀外水冷系统缓冲水池、盐池时，应考虑防渗水措施，防水工程完成后应进行闭水试验。

4.3.6　检查阀冷系统各类阀门安装正确，开关状态指示位置与实际位置应保持一致，防止因阀门位置错误导致设备故障。

> 【释义】2018 年 11 月 16 日，锡盟站外风冷进水阀门位置指示在全开位置，实际为关闭位置，检查发现为阀门芯体和把手装配问题，导致冷却器内冷却水无法循环，低温下散热管道冻裂。

4.4　调试验收阶段

4.4.1　逐一认真核查阀冷控制保护的主机、板卡、测量回路及电源的配置情况，满足电源供电可靠性要求。

4.4.2 检查阀外水冷系统缓冲水池水位正常无渗漏，检查喷淋泵启停功能正常、风扇转速控制正常，水位和电导率传感器指示正确。

4.4.3 通过主泵启动试验，核查主泵保护定值设置正确、主泵电源配置合理、主泵启动方式恰当；记录启动电流、启动时间，检查配电元器件及导线无过热，检查设备参数配置正确。

4.4.4 通过主泵切换试验，核查在各种运行工况下主泵切换逻辑的正确性。通过站用电切换试验检验主泵切换与站用电切换配合合理，保护不误动。

> 【释义】2011 年 8 月 30 日，复龙站极 I 高端阀内冷水系统主泵切换时流量低保护导致换流器闭锁，在主泵切换后再次回切回原主泵运行时，流量保护的延时与回切时间的配合不当导致保护动作。

4.4.5 通过保护功能试验，核查阀内冷水系统所有保护定值及动作逻辑正确性。

> 【释义】天山站调试时进行主泵切换试验，在站用电切换期间阀内冷水流量速断保护动作出口，后将速断定值延时从 1s 修改为 4s，投运后流量保护未误动。

4.4.6 通过阀内冷水系统内外循环方式切换试验，检验泄漏保护不误动。

> 【释义】防止单套保护因传感器故障未进行系统切换直接动作出口。2005 年 10 月 15 日，鹅城站极 I 内冷水保护 A 系统阀出水温度传感器 E1.BT1 故障，引起温度测量发生偏差，内冷水出水温度保护在动作出口前未进行系统切换，导致极 I 直流功率回降。

4.4.7 通过换流阀大负荷试验，检查阀内外冷设备运行正常，并通过阀外冷系统喷淋泵或空冷器切换试验，检查阀内冷水温度变化符合设计要求。

4.4.8 通过三通阀试验，核查阀内冷水系统在低温情况下外循环方式不应完全关闭，防止低温天气下冷却塔或空冷器管道结冰或冻裂。

4.5　运维检修阶段

4.5.1　每年至少进行一次主泵与电机同心度校准，避免振动超标造成主泵轴承、轴封损坏漏水。

4.5.2　应加强膨胀罐（高位水箱）水位变化的监视，当发现水位明显下降或出现补水泵频繁补水时，应立即对换流阀及阀冷系统所有管路进行检查，并采取必要措施进行处理。

4.5.3　应定期记录阀内冷水系统流量、温度、电导率等重要参数，并进行比对分析。

4.5.4　每年至少进行一次主泵切换试验，模拟各种运行工况，检验主泵切换功能正常。

4.5.5　应定期测量主泵电源回路接触器运行温度，停电检修时对接触器触头烧蚀情况进行检查，烧蚀严重时应进行更换。

4.5.6　加强阀内冷水系统保护定值管理，保护定值的整定、修改应严格履行审批手续，严禁未经批准擅自修改保护定值。

> 【释义】2015 年 7 月 14 日，穆家站极 Ⅱ 阀内冷水系统阀进水温度超高保护动作导致直流闭锁，原因为检修期间进行阀内冷水系统模拟跳闸试验，将阀进水温度超高定值由 50℃修改为 40℃，检修结束后未恢复，投运后保护误动。

4.5.7　在阀内冷水系统手动补水、排水和主泵检修期间应退出微分泄漏保护，防止保护误动。

4.5.8　停电检修时对冷却塔内部蛇形换热管进行清洗和预膜，避免冷却管结垢及腐蚀严重影响散热功能。

4.5.9　低温天气下，应增加户外供水、排水、消防管道及阀冷系统设备检查频次，避免管道出现结冰或冻裂。冬季不使用的管道（如工业水管、设备降温及冲洗管道）宜采用放空处理，防止其冻裂。

4.5.10　主泵出口逆止阀为易磨损部件，每年应抽检逆止阀内部阀板、卡簧、基座等部件磨损情况，必要时应进行更换，并制定不停运直流更换逆止阀处置预案。

【释义】2019 年 10 月 20 日，德阳站极Ⅰ内冷水系统相继出现 2 号主泵电机故障、新更换电机温度变送器和逆止阀故障现象，新建换流站建议配置电机后端轴承温度传感器以及冗余逆止阀。在运换流站研究加装电机后端轴承温度传感器和冗余逆止阀的可行性；因逆止阀为长期运行且易磨损部件，建议更换周期为 5 年；要完善主泵典型处置预案，检修时同步检查阀门、卡簧、基座等部件磨损情况。

5 防止控制系统故障

5.1 规划设计阶段

5.1.1 直流控制系统应采用完全冗余的双重化配置。每套控制系统应有独立的硬件设备，包括主机、板卡、电源、输入输出回路和控制软件，每极各层控制设备间、极间不应有公用的输入/输出（I/O）设备。在两套控制系统均可用的情况下，一套控制系统任一环节故障时，应不影响另一套系统的运行，也不应导致直流闭锁。

> 【释义】直流控制系统范围包括极控制系统、换流器控制系统、直流站控系统、交流站控系统、站用电控制系统。

5.1.2 每极或换流器的单套控制保护设备应单独组屏，便于运行维护。

> 【释义】龙泉、江陵等站控制保护设备，极Ⅰ有一层控制保护板卡设计安装在极Ⅱ控制保护屏柜内，极Ⅱ有一层控制保护板卡设计安装在极Ⅰ控制保护屏柜内，易误导现场运维人员以致误操作。

5.1.3 控制系统至少应设置三种状态，即运行、备用和试验。"运行"表示当前为有效状态、"备用"表示当前为热备用状态、"试验"表示当前处于检修测试状态。

5.1.4 控制系统应设置三种故障等级，即轻微、严重和紧急。轻微故障指设备外围部件有轻微异常，但不影响正常控制功能，需加强监测并及时处理；严重故障指设备本身有较大缺陷，但仍可继续执行相关控制功能，需要尽快处理；紧急故障指设备关键部件发生了重大问题，已不能继续承担相关控制功能，需立即退出运行进行处理。在故障性质定义时，不得随意扩大或缩小紧急故障的范围。

5.1.5　任何时候运行的有效控制系统应是双重化系统中较为完好的一套，当运行控制系统故障时，应根据故障等级自动切换。控制系统故障后动作策略应至少满足如下要求：

（1）当运行系统发生轻微故障时，若另一系统处于备用状态且无任何故障则系统切换。切换后，轻微故障系统将处于备用状态。当新的运行系统发生更为严重的故障时，还可以切换回此时处于备用状态的系统。

（2）当运行系统发生严重故障时，若另一系统无任何故障或轻微故障时则系统切换，若另一系统不可用则该系统可继续运行。

（3）当运行系统发生紧急故障时，若另一系统处于备用状态则系统切换，切换后紧急故障系统不能进入备用状态，若另一系统不可用则闭锁直流。

（4）当备用系统发生轻微故障时，系统状态保持不变。若备用系统发生紧急故障时，应退出备用状态。

5.1.6　处于非运行状态的直流控制保护系统中存在跳闸出口信号时不得切换到运行状态，避免异常信号误动作出口跳闸。

【释义】2013 年 3 月 5 日，龙泉站因单套控制保护系统的电流测量板 PS862XP 板卡故障，由于该套控制保护的事件报警、系统切换等被屏蔽，运行人员无法发现该套采样的差动电流异常。控制极切换后保护开放，直接动作出口导致闭锁。

金华站调试期间，运行人员对极Ⅱ PCP B 系统进行 UDL 信号丢失试验，极控 B 系统直流电压低功能动作延时 0.2s 切换系统令极控 B 系统退出运行，延时 6s 经 RS 触发器发出极闭锁信号并自保持。由于极控 B 系统退出运行，该信号未出口但一直保持。其后调试人员将带有跳闸信号的极控 B 系统切到运行状态，导致极Ⅱ闭锁。

5.1.7　阀控系统与极或换流器控制系统间的控制、保护信号应直接送至极或换流器控制系统。

5.1.8　控制系统和阀控系统的接口设计应满足招标文件技术要求，采用标准化接口设计。

5.1.9　控制保护系统和阀冷控制系统的接口设计应满足招标文件技术要求，采用标准化接口设计，应满足如下要求：

（1）极或换流器控制系统与阀冷控制系统之间应交叉连接。

（2）阀冷控制系统仅执行运行状态的极或换流器控制系统下发的指令。

5.1.10　新建直流工程换流器控制系统与换流变压器冷却器控制系统的接口设计应满足招标文件技术要求，采用标准化接口设计，应满足如下要求：

（1）换流器控制系统与换流变压器冷却器控制系统之间应采用交叉连接方式。

（2）两套换流变冷却器控制系统均处于运行状态。

（3）换流器控制系统与两套换流变冷却器控制系统的系统间通信均故障时，不应闭锁直流。

5.1.11　极或换流器控制系统收到阀厅消防系统跳闸命令后应先进行系统切换，再出口跳闸。

5.1.12　直流控制系统中站间、极间和系统间通信均应配置冗余通信通道，且冗余通信通道应设计在不同通信板卡中，或者配置在不同的处理器中，以防单一元件故障导致全部通信丢失。

【释义】龙政、江城、宜华等直流工程控制保护系统中，负责站间、极间和系统间通信的功能是主机内同一块板卡 PS820（见图 5-1），板卡负载率高，易出现故障，故障后导致站间、极间和系统间通信同时故障，对直流系统运行造成较大威胁。

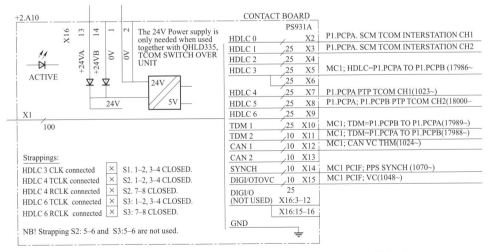

图 5-1　站间、极间和系统间通信功能集中在同一块板卡

5.1.13 每套直流控制保护装置应采用双路完全冗余的电源供电,单路电源异常不影响装置正常工作,并具备完善的报警功能。

【释义】2005 年 6 月 17 日、6 月 19 日,葛洲坝站先后两次由于阀控接口模块故障导致闭锁。原因在于在电源设计、选型时考虑不周,阀控接口模块在单电源供电时不能正常工作,阀触发脉冲丢失导致极闭锁(见图 5-2)。

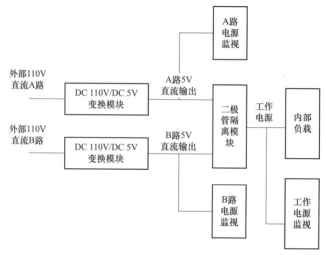

图 5-2 RCS-9519 模块电源回路示意图

5.1.14 直流控制保护系统每层 I/O 接口模块应配置双电源板卡供电,任一电源板卡应能满足该层 I/O 接口模块的供电容量需求,避免单电源板卡故障导致 I/O 接口模块工作异常。

5.1.15 冗余直流控制保护系统的信号电源应相互独立,取自不同直流母线并分别配置空开,防止单一元件故障导致两套系统信号电源丢失。

【释义】葛洲坝站极控屏和换流变压器测控屏信号电源不满足冗余条件,通过 RS936 切换装置后输出一路同时供两套控制保护系统(见图 5-3)。装置故障或输出回路端子松动时,信号电源丢失可能造成保护拒动。

南桥站换流变压器测控单元柜(TFT)采用双系统冗余配置,但两套系统的直流 110V 信号电源公用一个电源切换装置。一旦该装置发生故障,将造成两套测控柜的信号电源全部丢失,直流系统设备异常。

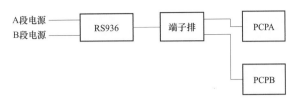

图 5-3 极控屏和换流变压器测控屏信号电源存在公共元件

5.1.16 直流控制保护系统测量、传输环节均应采用双套电源供电，且双套电源应取自由不同蓄电池组供电的直流母线段，避免单路直流母线故障时导致多套控制保护系统故障退出。

5.1.17 直流控制保护主机主 CPU 与接口板卡间的数据通信应具备完善的校验功能，防止软、硬件通信传输环节异常，跳闸信号误出口。

【释义】2012 年 5 月 2 日，龙泉站极控制系统硬件故障误发跳闸信号，且主机与 PCI 接口板 DPM 通信无校验措施，造成 Z 闭锁。

2013 年 10 月 12 日，黑河站主机程序异常处于"运行"状态的极控 B 系统报出"主机故障报警级别 1"的紧急故障后直流闭锁。

2020 年 7 月 17 日，复龙站交流滤波器光 TA 合并单元 main 程序自动重启，初始化过程中，光 TA 电流测量值、数据奇偶校验值均初始化为 0（0 表示数据正常），从而交流滤波器保护主机紧急故障复归，母线差动电流达到定值，延时 3s 保护出口，本次故障暴露出重启过程中光 TA 主机数据奇偶校验值未能有效避免光 TA 输出异常电流。

5.1.18 直流控制保护主机、板卡故障时，应退出相关功能或相应系统，防止故障设备误发错误信号导致直流闭锁。

【释义】2010 年 12 月 7 日，德阳站直流保护主机接口板硬件故障，由于自检功能不完善，未能屏蔽该故障保护主机发出的异常闭锁信号，误发信号出口导致极闭锁。

5.1.19 直流控制系统自检延时应与控制系统切换时间相配合,避免控制系统无法及时切换，导致跳闸信号误出口。

> 【释义】2013 年 12 月 22 日，天山站进行模拟直流 TA 故障试验，试验中断开极Ⅰ值班系统的 IDNC 二次测量端子。该电流量输入是用于直流电流控制，正常情况下一旦值班系统检测到该电流测量回路故障应快速切换到备用系统。天中直流由于 IDNC 自检延时过长，经过 60s 才自检出故障并切换到备用系统。在此期间，极Ⅰ直流电流由于直流电流裕度补偿逻辑 CMR 作用（加 0.1p.u.），从 500A 升至 1000A。针对此问题，控保厂家将检测到直流 TA 回路故障后的自检延时从 60s 改成 300ms。
>
> 2009 年 10 月 24 日，江陵站极Ⅱ水冷系统 PS868 测量异常，故障不经任何延时发跳闸指令，不能躲过 CCP 系统切换时间而闭锁直流极。

5.1.20 直流控制保护系统 FPGA（或 CPLD）设计中，信号在不同时钟域之间传递时应采取同步措施，以避免亚稳态引起传输数据错误。

> 【释义】2017 年 7 月 18～28 日，淮安站共发生 13 次换相失败，故障原因是控保厂家为新开发 AMIN 功能所配的 EMF 板卡时钟域为 20MHz，与触发角时钟域 8MHz 在不同的时钟域，内部控制字多位同时跳变引起跨时钟域数据传递的亚稳态，造成 EMF 板输出错误触发角导致换相失败。

5.1.21 直流控制系统与稳控装置应采用标准化接口设计，直流系统异常导致功率速降时（如由绝对最小滤波器不满足、接地极线路过负荷保护导致的功率速降等），直流控制系统应将功率速降量和速降信号发给稳控装置；直流系统非正常停运时（如保护性闭锁等）时，直流控制系统应将非正常停运信号发给稳控装置，由稳控装置计算功率变化值。交流系统故障引起的功率变化值，由稳控装置自身计算。

5.1.22 采用高低端双换流器的直流工程，双极运行且两极均为双极功率控制模式时，换流器差动保护动作后非故障换流器自动重启、线路故障重启不成功后高端换流器自动重启窗口时间应能大于直流场设备顺控操作总时间及换流变压器分接头动作总时间，并设置一定裕度。

5.1.23 为避免换流变压器分接开关频繁动作，应合理设置换流变压器分接开关电压控制死区值，特高压工程（分层接入除外）应采用高低端换流变压器分接开关异步调节策略，应采用合理的分接开关连续调档间隔时间。换流变压器失电后的分接开关档位设置应保证换流变压器充电时少调节。

5.1.24 与换流变压器相连的交流场采用 3/2 接线时，"中开关"逻辑应按如下要求设计：

（1）换流变压器与交流线路配串，出现两个边开关三相跳开，仅中开关运行时，应立即闭锁相应换流器。

（2）换流变压器与大组交流滤波器配串，出现两个边开关三相跳开，仅中开关运行时，应立即闭锁直流相应换流器。

（3）大组交流滤波器与交流线路配串，出现两个边开关三相跳开，仅中开关运行时，应立即跳开中开关，使大组交流滤波器停电。

（4）大组交流滤波器与主变压器、厂用变配串，出现两个边开关三相跳开，仅中开关运行时，应立即跳开中开关，使大组交流滤波器停电。

（5）换流变压器与主变压器配串，出现两个边开关三相跳开，仅中开关运行时，应立即闭锁相应换流器。

（6）换流变压器与交流线路配串，换流变压器与母线间的边开关检修或停运时，该串的交流线路发生单相故障时，如果该线路投入了单相重合闸，为避免非全相运行，在该线路单相故障跳开单相的同时应三相连跳中开关，与线路相连的边开关应按设定跳闸逻辑动作，不应三相连跳。

（7）大组交流滤波器与交流线路配串，大组交流滤波器与母线间的边开关检修或停运时，该串的交流线路发生单相故障时，如果该线路投入了单相重合闸，则在线路单相故障跳开单相的同时应三相连跳中开关，与线路相连的边开关应按设定跳闸逻辑动作，不应三相连跳。

5.1.25 跳闸回路应避免采用常闭接点，防止回路中任一端子松动或者直流电源丢失导致继电器失磁，跳闸误出口。

【释义】2019 年 7 月 11 日，锡盟站极Ⅱ极控 A 系统发"紧急闭锁"信号闭锁，检查发现极Ⅱ极控 A 与极控 B 两个 RCD100 装置之间的连线松动，极控 A 系统重启时，引起继电器 K1 失电，启动 ESOF 跳闸出口（见图 5-4）。

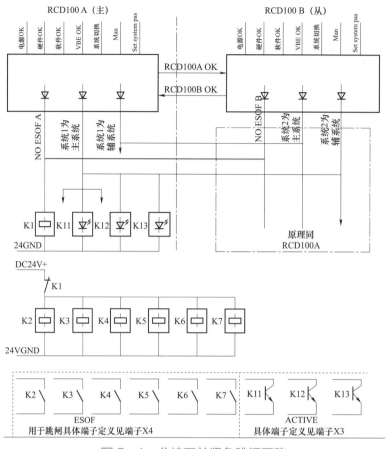

图 5-4　分接开关紧急跳闸回路

　　政平站换流变压器分接开关紧急跳闸回路原采用常闭回路设计。2003 年 7 月 20 日、2004 年 1 月 11 日，极 II Y/Y C 相换流变压器分接头紧急跳闸回路中间环节出现松动，导致 2 次单极强迫停运。经整改为常开回路后未出现任何故障。

5.1.26　直流控制保护装置所有硬件（特别是非通用设计的接口硬件）均应通过电磁兼容试验。控制保护装置的 24V 控制和信号电源电缆不应出保护室，以免因干扰引起异常变位。

　　【释义】胶东站控制保护屏柜内照明采用 220V 交流电源供电，屏内开关量输入采用 24V 信号输入，直流采样回路采用 5V 电压信号。调试过程中，曾出现分合交流空开造成直流电流光电转换模块 AIM 故障。

　　2012 年 4 月 16 日，银川东站换流变压器充电时，另一极换流阀 VBE 信号校验错误导致闭锁。极控系统与 VBE 接口装置之间的信号回路设计不合理，抗干扰能力差，充电或跳闸时产生的瞬时电磁干扰对运行系统造成了影响。

5.1.27　换流站应严格遵守《电力监控系统安全防护规定》《电力监控系统安全防护总体方案》和《国家电网有限公司电力监控系统网络安全管理规定》等规定，坚持"安全分区、网络专用、横向隔离、纵向认证"的原则，制定网络安全防护设计方案，落实边界防护、本体安全、网络安全监测等防护要求。

5.1.28　SCADA 系统 SCM 服务器、远动服务器（工作站）、站 LAN 网、主时钟及运行人员工作站等均应至少双重化冗余配置。SCADA 系统应具备后备和就地控制功能。在 SCADA 冗余系统均故障时，不应影响直流控制保护系统正常运行，运行人员应能通过后备和就地控制系统完成相应操作。

5.1.29　站监控系统冗余服务器设计时，应能保证两套服务器可分别重启且互不影响。

5.1.30　直流控制保护系统 LAN 网设计，应在保证各个冗余系统数据传输可靠性的基础上，优化网络拓扑结构，避免存在物理环网，防止网络风暴造成直流强迫停运。

5.1.31　双重化的直流控制保护主机应配置双物理网卡,每套直流控制保护系统应同时接入双重化的站 LAN 网，确保不存在物理上的环网。

5.1.32　直流控制保护系统 LAN 网交换机、主机应具有网络风暴防护功能并通过网络风暴防护功能测试，防止网络风暴导致直流闭锁。

【释义】2004 年 12 月 22 日,鹅城站网络堵塞引起双极控制保护主机死机，导致双极闭锁。

2015 年 7 月 19 日，复龙站单台交换机故障最终导致双极区域 8 台主机同时死机，极Ⅰ、极Ⅱ控制系统与 3 套双极保护通信故障导致双极功率回降。

5.1.33　SCADA 系统 LAN 网交换机若有端口自动关闭功能，应启用端口自动恢复功能；交换机使用年限不宜超过 8 年。为提高直流控制保护及 SCADA 系统 LAN 网运行可靠性，百兆 LAN 网网线应使用五类及以上网线，千兆 LAN 网网线应使用六类及以上网线。

5.1.34　直流控制保护系统、各智能子系统中任何总线、局域网络等通信或设备异常时均应有报警事件。

【释义】2019 年 1 月 30 日，锦屏站极Ⅰ低端阀控 CCP12A1 主机 PS932 板故障后阀控系统未正常切换，且 CCP12A1 与极Ⅰ极控系统通信中断，引起极Ⅰ极控主机判断极Ⅰ低端两套阀控均不可用，苏州站收到该信号后正常退出低端换流器。

5.1.35　直流控制保护主机和服务器应有守时功能，对时信号丢失或对时回路故障时应有报警信息。

5.1.36　直流系统投运后，当交直流系统接线方式、参数发生变化时，相关部门和单位应组织校核控制保护功能及参数，避免设备故障、保护误动或直流闭锁。

【释义】2012 年 6 月 9 日，华北电网线路故障引起高岭站换相失败，导致单元Ⅰ过流保护动作闭锁。原因为绥中电厂扩建新机组，系统参数发生变化，导致换相失败引起的直流电流最大值由原来保护定值的 80%上升到 103%，满足过流保护定值而闭锁直流。

2010 年 3 月 21 日，绥中电厂进行一台主变新投入试验，导致高岭站东北侧三组交流滤波器失谐保护报警及一组滤波器电抗谐波过负荷保护动作跳闸。

5.1.37　双套站用电控制系统失电以及重启过程中，不应误出口改变站用电一次设备状态。

【释义】2005 年 11 月 20 日，政平站 ACP72 主机故障，误发 35kV 断路器跳闸信号，造成 10kV 断路器跳开，全站 400V 系统失电，闭锁双极。

5.1.38　换流站低容、低抗等与控制系统相关的设备，应纳入成套设计范畴，规范其功能和接口设计。

5.1.39　换流站内具有自动控制功能的交流滤波器开关、低压电容器和电抗器开关、站用电开关等设备保护跳闸后，应将保护跳闸信号送至直流控制保护系统并锁定开关。

【释义】2021 年 2 月 19 日，黑河站 35kV 318 开关柜发生电缆接地故障，保护动作切除 318 低抗，因低抗切除后开关未锁定，且 500kV 交流电压较高，无功控制再次投入该低抗，保护再次动作切除低抗。在此过程中低抗反复投切共 11 次，造成 35kV 开关柜设备严重损坏，并引起直流系统连续 11 次换相失败。

5.1.40 参与无功或电压控制的低容低抗设备发生频繁投切时，直流控制保护系统应将低容低抗设备退出自动控制模式。

5.2 采购制造阶段

5.2.1 运行及备用直流控制系统，控制及非控制极的报警信号均应准确报出。

【释义】2013 年 3 月 5 日，龙泉站因极控单套系统的电流测量板 PS862XP 板卡故障，由于"控制极"信号闭锁了该保护的事件报警、系统切换等功能，运行人员无法发现该套保护采样的差动电流异常。控制极切换后保护开放，保护直接动作出口导致闭锁。

5.2.2 顺控逻辑中判断直流刀闸位置的延时应大于实际直流刀闸位置状态返回的时间，避免顺控操作失败。

【释义】银川东站在调试期间，直流场顺控操作经常发生失败，原因为控制系统中判断直流刀闸状态返回的延时小于直流刀闸状态实际返回的时间，造成控制系统判断为直流刀闸故障，顺控失败。

5.2.3 无功控制逻辑中，应综合考虑大组滤波器母线电压和大组滤波器开关状态判断小组滤波器是否可用，避免大组滤波器开关断开时误判小组滤波器可用或处于运行状态，导致不满足无功需求使直流功率回降，严重时甚至导致直流闭锁。

【释义】无功控制逻辑若仅以小组交流滤波器开关状态作为滤波器投退判

据，在交流场大组滤波器进线开关断开、大组滤波器母线失电的情况下，因小组滤波器开关未分开，导致无功控制不投入新的滤波器小组，引起无功需求不满足，直流系统功率回降，极端情况下可能导致直流系统闭锁。

5.2.4 无功控制逻辑中，判断滤波器正常投入的延时应大于滤波器开关合闸状态返回的实际时间，避免频繁投切滤波器。

【释义】2014 年 3 月 12 日，宜宾站短时间内投入两组 HP24/36 小组滤波器，由于电压过高，Q 控将其中一组滤波器切除。交流滤波器没有按照最小滤波器投切逻辑进行投切。无功控制中判断滤波器的投入时间（400ms）较短，实际滤波器开关合闸状态返回的时间大于 400ms，软件认为该组滤波器没有投入，继而又投入一组滤波器，导致投切紊乱。

5.2.5 整流站极控低压限流（VDCOL）控制功能应躲过另一极线路故障及再启动的扰动，防止一极线路故障导致另一极控制系统误调节。

【释义】2014 年 7 月 31 日，宾金直流极Ⅰ线路故障时，极Ⅰ线路再启动期间极Ⅱ直流系统低压限流（VDCOL）动作，功率大幅降低不利于系统稳定。应增加宾金直流一极线路故障重启屏蔽对极的低压限流（VDCOL）功能。

5.2.6 在换流变压器进线电压互感器失压判断逻辑中，应综合考虑电压互感器空开接点和交流低电压判据，防止空开接点异常导致控制系统紧急故障。

【释义】江城、龙政直流工程在换流变压器进线电压互感器空开跳闸信号产生紧急故障逻辑中，宜增加交流低电压判据及轻微故障报警的功能。

5.2.7 电压应力保护应采用三相换流变压器中分接开关的最高档位计算空载直流电压 U_{di0}，U_{di0} 越限启动分接开关强制降档前，应判断换流变压器分接开关档位一致且在自动控制状态，避免档位偏差较大导致换流变压器保护误动。

【释义】2016 年 6 月 1 日，锦屏站极Ⅱ低端 Y/Y A 相换流变压器分接开关控制回路继电器故障，导致换流变压器档位不一致。在就地调节异常相分接开关进行同步过程中，异常相分接开关上调至 26 档，引发电压应力保护强制降分接开关档位功能动作。由于该相分接开关在就地位置不能动作，其他 5 台换流变压器档位持续调节至 15 档，档位相差过大引起换流变压器饱和保护动作闭锁。

5.2.8　直流控制保护系统应配置换流变压器分接开关档位越限和跳变监视功能，避免因档位变送器故障或采样板卡故障导致电压应力保护误动。

【释义】直流控制保护系未配置换流变压器分接开关档位越限和跳变的监视功能，因换流变压器就地的档位变送器故障或控制保护的采样板卡故障，存在不同换流变压器档位相差过大而导致电压应力保护误动的风险。

5.2.9　对于分层接入直流工程，当值班换流器控制系统检测到直流换相失败预测动作后，暂时闭锁备用换流器控制系统 UDM 故障检测功能。

【释义】2018 年 12 月 23 日，沂南站极Ⅱ双换流器全压运行，现场开展极Ⅱ低端换流变压器进线 CVT 故障试验，挑拨换流变压器进线 CVT A 相电压端子的时候信号有抖动，低端换流器控制系统在判出交流电压低后恢复，没有发切系统命令；此时备用系统检测到 UDM 计算值错误，置严重故障，退出备用。待电压端子彻底挑开时，值班系统再次检测到交流进线电压低，90ms 后切换系统，但此时对系统已退出备用，无法切换。由于极Ⅱ低端换流器值班系统交流进线 A 相电压一直为 0，导致极Ⅱ的直流电压在 500kV 左右，满足电压不平衡退换流器（0.35～0.65p.u.）的条件，控制系统默认退出高端换流器。极Ⅱ高端换流器退出后低端换流器进线 CVT 故障仍然存在，直流线路低电压动作，重启两次不成功后跳闸。

5.2.10　跳闸回路出口继电器及用于保护判据的信号继电器动作电压应在额定直流电源电压的 55%～70%，动作功率不宜低于 5W。

5.2.11 对于采用光耦进行隔离的跳闸回路，应选用抗干扰能力强的光耦，软件中增加防抖时间避免误出口。

【释义】为满足直流控制保护系统对动作时间的严格要求，胶东站直流控制保护经压板出口及开入回路采用110V光耦进行隔离传输，在运行过程中，由于出口回路存在悬浮电位，当直接投入出口压板时，将造成光耦动作保护误出口。

2017年7月5日，高岭站4个单元运行正常，直流站控系统突然提升单元Ⅰ、单元Ⅱ、单元Ⅳ功率，分析原因是单元Ⅲ极控系统出口光耦模块因抗干扰性较差而误动，向直流站控输入ESOF信号（实际极控系统并未发出ESOF信号），直流站控系统收到该信号后启动功率转移功能，将单元Ⅲ实际输送功率分配到其他三个单元，导致直流总功率超过整定值。

2016年9月18日，胶东站极控系统中负责开入"极保护移相闭锁"信号的光耦模块内部发生短路故障引发误出口，导致极Ⅰ直流系统闭锁。

5.2.12 直流控制系统主机/冗余切换装置间通信监视信号、出口闭锁信号应采用光信号传输，具备纠错功能，避免电信号不稳定导致直流闭锁。

【释义】2019年7月11日，锡盟站极Ⅱ极控A系统误发ESOF指令的原因为在极Ⅱ极控A/B系统之间的NO ESOF信号回路断开的情况下，按下禁止切换按钮后，重启极Ⅱ极控A系统主机，满足了NO ESOF的跳闸逻辑。

5.2.13 直流控制系统主机应具备完善的自监视逻辑，检测到本系统运行、备用状态均丢失且主机无紧急故障时，应保持原系统继续运行，避免运行、备用状态均丢失导致直流闭锁。

【释义】2019年9月17日，雁门关站极Ⅱ高端换流器由于RCD100冗余切换装置，送至控制主机的主用信号电平异常，双套阀控主机均丢失主用信号，由此均产生紧急故障，导致直流闭锁。

5.2.14 直流控制保护系统关键元器件（包括芯片、光器件、功率器件、电容、插接件等）和板卡应选用有成熟应用经验的产品，按照高等级标准开展入厂检测和筛选，并留有记录备查。

5.2.15 直流控制保护系统主机核心逻辑计算以及出口板卡的芯片应具备完善的硬件检错和纠错功能，避免因内存出错等底层硬件故障导致跳闸信号的误出口。

【释义】2020 年 1 月 14 日，中州极Ⅰ高端阀控主机处理器板卡 NR1139 内存异常变位导致闭锁。中州站该芯片内存"软错误"导致内存单元存储的内容发生了变化，进而导致 DSP 实际逻辑与设计的逻辑出现偏差，在没有跳闸信号输入的情况下发出了跳闸指令，导致跳闸信号误出口。

2019 年 5 月 14 日、9 月 19 日，龙泉站和南桥站均由于 MACH2 主机 MainCPU 板与 PCIB 板卡之间的 DPM 通信异常导致直流闭锁，闭锁信号由内部信号的异常变位所产生，而非外部实际故障信号。

5.2.16 检查直流控制保护软件具备软件编译自检功能，防止底层代码与可视化逻辑界面对应变量不一致导致直流误闭锁。

【释义】2016 年 2 月 28 日，中州站由于保护软件底层代码错误，将极Ⅱ低端换流器旁路刀闸分位信号定义为合位信号，程序误判极 2 低端换流器处于运行状态（实际在停运状态），导致极Ⅱ换流器连接线差动保护错误投入，引起极 2 高端换流器闭锁（见图 5-5）。

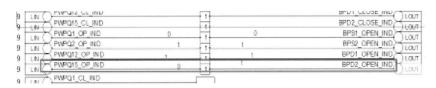

图 5-5　低端换流器旁路刀闸运行状态输入

5.2.17 直流控制保护应具有根据系统接线和运行方式判断输入设定值是否正确的能力和提示功能，防止输入功率目标值、参考电流、升降速率超限。

5.2.18 新建直流工程在设计阶段须明确控制保护设备室的洁净度要求。

5.3 基建安装阶段

5.3.1 直流控制保护装置安装应在控制室、继电器室等建筑物土建施工完成并且联合验收合格后进行，不得与土建施工同时进行。在设备室达到要求前，不应开展控制保护设备的安装、接线和调试；在设备室内开展可能影响洁净度的工作时，须采用完好塑料罩等做好设备的密封防护措施。当施工造成设备内部受到污秽、粉尘污染时，应返厂清洗并经测试正常后方可使用；如污染导致设备运行异常，应整体更换设备。

5.3.2 直流控制保护设备安装时，应检查屏柜、主机、板卡、光纤、连接插件等的固定、受力、屏蔽、接地情况，防止因安装工艺控制不良导致的设备损坏或故障。

【释义】2006 年 6 月 26 日，南桥站主机 PCI 板卡电缆固定位置距离较长，使板卡受力造成接触不好，导致 PCI 板卡连接异常，与主 CPU 数据通信错误，误发信导致极闭锁。

灵宝站单元 Ⅱ 换流变压器控制升降的端子排采用了多孔短接片剪切加工而成的短接片，顶部两端均有裸露铜片，且两短接片安装距离近，顶端裸露铜片连接点放电，导致换流变压器分接开关升、降档控制紊乱，分接开关级差超过 2 档后直流闭锁。

5.3.3 应严格执行网络安全防护方案，在换流站电力监控系统安装时应同步落实边界防护、本体安全、网络安全监测等安全防护技术措施。

5.4 调试验收阶段

5.4.1 投入正式运行的直流控制保护软件，必须是采用经过现场系统调试试验验证的最终软件版本。

5.4.2 设备制造厂家应合理配置控制保护系统逻辑和定值，厂内试验和联调阶段，应对控制保护系统策略和逻辑进行试验验证，并严格履行出厂检验手续。

【释义】2008 年 10 月 29 日，高岭站华北侧交流系统受到扰动，引起极控系统换相失败导致直流电压降低，由于潮流反转保护的启动判据不正确，判断电压发生了极性改变且符合电流条件，直流保护潮流反转保护动作。

2009 年 10 月 24 日，江陵站软件程序存在问题，内冷水 CCP 单系统中板卡故障不经任何延时发跳闸命令，不能躲过 CCP 系统切换时间，单一系统异常导致直流闭锁。

2014 年 12 月 18 日，葛洲坝站最后开关软件逻辑存在隐患，没有引入开关位置信号作为辅助判据作为防误动措施，导致直流系统闭锁。

5.4.3　现场直流控制保护系统软件修改后，应充分开展厂内试验验证，若具备条件应开展现场补充试验验证。

【释义】2017 年 2 月 8 日，柴拉直流双极降压运行工况下，执行极 Ⅱ 闭锁输入功率值 0 后，极 Ⅱ 正常闭锁，极 Ⅰ 功率由 99MW 速降至 7.5MW 的原因是修改极控软件时将触发记录极 Ⅱ 闭锁时刻前的两极的直流功率和中的一个信号改为 FALSE，导致记录的两极的直流功率和始终为零，引发功率速降。如修改程序后能够充分测试，可避免程序出现类似问题。

5.4.4　控制保护设备验收时，应模拟主机轻微、严重、紧急故障，验证动作策略正确、事件报警无误。

【释义】2003 年 7 月 2 日，龙泉站极控制保护与交流站控系统光纤通信存在故障，备用系统光纤故障后，由于对备用系统没有监视，当备用系统切换到主用状态后，未检测到 PCP 主用状态，紧急跳闸出口导致极闭锁。

2013 年 1 月 21 日，团林站极控板卡故障后系统未正常切换导致闭锁。检查极控系统一块处理板死机，无法正常测量电压、电流量，换流器控制中的电压、电流闭环控制异常，换流阀触发异常，导致直流闭锁。

2005 年 1 月 5 日，龙泉站极 Ⅰ 换流变压器控制系统 ETCS 与终端柜 TFT 之间光纤通信故障，极控 PCP 系统与换流变压器控制保护 ETCS 互相检测不到状态，导致极闭锁。

2005 年 8 月 8 日，江陵站主机通信接口板故障导致两个系统同时进入 Active 状态，导致阀触发脉冲丢失导致极闭锁。

2007 年 1 月 1 日，宜都站内水冷系统流量低保护动作导致极闭锁。总线负载高且异常无报警事件，导致信号不能正常上传，主循环泵切换异常，直流闭锁。

具体验证方法例如：

（1）通过采用断开极或换流器控制系统与阀控系统、阀冷控制系统、换流变冷却器控制系统等子系统之间的通信连接线，关闭电源等方式验证系统切换、事件告警等功能正确。

（2）按各种特殊工况全面试验通信接口故障，避免单一通信接口板卡故障导致两套控制系统均不可用后闭锁直流。

（3）验证直流控制系统具备完善的总线异常报警功能，并核查总线负载。

5.4.5　应将参与无功或电压控制的低容、低抗设备纳入系统联调范畴。

5.4.6　现场调试期间，应对低容、低抗设备的投切功能和控制策略进行充分试验验证。

【释义】2021 年 2 月 19 日，黑河站 35kV 318 低抗开关柜发生电缆接地故障，保护动作切除 318 低抗，因低抗切除后开关未锁定，且 500kV 交流电压较高，无功控制再次投入该低抗，保护再次动作切除低抗。在此过程中低抗反复投切共 11 次，造成 35kV 开关柜设备严重损坏，并引起直流系统连续 11 次换相失败。

5.4.7　应逐一核查各跳闸回路的图纸和实际接线，杜绝跳闸回路使用常闭接点；对跳闸回路的绝缘情况及回路上端子接线紧固情况进行全面检查。

5.4.8　开展 SCADA 系统网络风暴试验，检验 LAN 网交换机、直流控制保护主机网络风暴防护功能正常，网络风暴不应导致直流控制保护主机死机及直流系统闭锁。

5.4.9　检查 SCADA 系统 LAN 网网线规格及性能满足要求，其中百兆 LAN 网网线应使用五类及以上类型网线，千兆 LAN 网网线应使用六类及以上类型网线。

5.4.10　换流站电力监控系统投运前,应由建设管理部门委托专业网络安全测评机构开展上线安全评估及等保测评工作,测评合格并经验收通过后方可投入运行。

5.5　运维检修阶段

5.5.1　运维单位在停电检修前应对直流控制保护设备的缺陷进行梳理分析,有针对性的消缺处理。

5.5.2　若需单套控制系统退出开展缺陷处理,应在一套系统退出运行前须确保另一系统完好可用,并尽快完成处理,减少无备用系统运行时间。

5.5.3　换流站控制保护软件的入网管理、现场调试管理和运行管理应严格遵守国家电网有限公司直流控制保护软件运行管理相关规定要求。

【释义】2003 年 12 月 15 日,政平站在修改软件时,误将控制程序中的相关数据设置错误,交流站控系统 ACP 无法监视极控 PCP 状态导致极Ⅱ闭锁。

2015 年 7 月 14 日,穆家站极Ⅱ阀冷系统冷却水进阀温度超高保护动作导致极闭锁,检修期间阀冷系统模拟跳闸试验,将进阀温度超高值参数由 50℃修改 40℃,检修结束后未成功恢复,在投运后保护误动。

2015 年 7 月 26 日,高岭站外部原因导致换相失败,单元Ⅱ由于直流保护装置不能正常输出发生持续换相失败。原因为停电检修期间进行软件置位后恢复时异常。

2016 年 6 月 17 日,苏州站在开展极Ⅱ低端换流阀晶闸管故障处理时,对检修换流器控制系统置位进行晶闸管触发试验,导致控制保护系统认为处于检修状态的极Ⅱ低端换流器进入解锁运行状态,引发双极控制保护主机误判极Ⅱ处于金属回线运行状态,极Ⅰ金属回线横差保护动作闭锁。

5.5.4　直流控制保护系统严禁接入任何未经安全检查和许可的各类网络终端和存储设备。

5.5.5　运维单位应加强二次安全防护管理,防止感染病毒,防病毒软件应定期升级。

5.5.6　换流站远程诊断 KVM 终端设备应指定专人负责维护,定期巡视,确保设备工作正常,相关交直流监控界面软件启动运行正常,接入远程诊断系统的运行人员工作站仅供远程诊断中心使用，并应关闭换流站设备操作功能。

5.5.7 应加强换流站电力监控系统运维管理，严格使用专用于站内维护的调试设备和移动介质进行检修维护，维护操作宜通过便携式运维堡垒机开展，禁止通过任何形式与互联网等外部网络连接。

5.5.8 应定期开展安全防护评估和等保测评工作，针对评估、测评发现的问题及时进行整改。

5.5.9 在进行直流功率（电流）升降操作时，应根据系统运行方式确认功率（电流）参考值和速率值无误后方可再执行下步操作。

6　防止保护误动/拒动

6.1　规划设计阶段

6.1.1　直流系统保护（含双极/极/换流器保护、换流变压器保护、交直流滤波器保护）采用三重化或双重化配置。每套保护均应独立、完整，各套保护出口前不应有任何电气联系，当一套保护退出时不应影响其他各套保护运行。

6.1.2　每套保护的测量回路应完全独立，一套保护测量回路出现异常，不应影响其他各套保护运行。

> 【释义】2003 年 6 月 27 日，政平站极控制保护接口板卡故障后保护误动导致极闭锁。由于用于保护计算的 PCIA/DSP1 故障，且装置自检功能不完善无报警信号，造成换流变压器阀侧电流计算值产生偏差，引起交直流侧差动电流过大，保护出口。
>
> 　　2005 年 5 月 7 日，江陵站换流变压器采样板 PS845 板卡单一故障，电流出现突变，引起换流变压器绕组差动保护动作导致极闭锁。

6.1.3　采用三重化配置的直流保护，三套保护均投入时，出口采用"三取二"模式；当一套保护退出时，出口采用"二取一"模式，特高压工程双极中性母线差动保护、接地极引线差动保护出口采用"二取二"模式；当两套保护退出时，出口采用"一取一"模式，特高压工程接地极引线差动保护不出口。任一个"三取二"模块故障，不应导致保护拒动和误动。

6.1.4 采用双重化配置的直流保护，每套保护应采用"启动+动作"逻辑，启动和动作的元件应完全独立，不得有公共部分互相影响。电子式电流互感器的远端模块、纯光纤式电流互感器测量光纤及电磁式电流互感器二次绕组至保护装置的回路应独立。

6.1.5 双极、极和换流器各套保护间、两极及同一极的两个换流器之间不应有公用的输入、输出设备，一套保护退出进行检修时，其他运行的保护不应受任何影响。

6.1.6 直流保护的设计应充分考虑直流系统各种可能的运行工况及不同运行工况之间转换的情况，防止运行方式转换过程中保护误动。

6.1.7 直流保护系统检测到测量异常时应可靠退出相关保护功能，测量恢复正常后再投入相关保护功能，防止保护不正确动作。

6.1.8 直流滤波器不平衡保护应只投报警，不投跳闸。

【释义】2010 年 7 月 3 日，龙泉站极 I 直流滤波器不平衡保护频繁切换系统导致极 I 闭锁。

6.1.9 直流滤波器过负荷保护应采用首端电流互感器，不采用末端电流互感器，防止保护拒动。

6.1.10 对于新建工程，50Hz 直流谐波保护电流采集带宽应在 40～60Hz 范围内，100Hz 直流谐波保护电流采集带宽应在 80～120Hz 范围内，防止谐波电流采集带宽过大造成谐波保护误动。

【释义】2012 年 12 月，柴达木站 100Hz 保护动作跳闸。保护动作原因为西宁—日月山—海西—柴达木 750kV 线路对二次谐波有明显放大作用，西宁以西电网主变压器充电产生的二次谐波在柴达木站被放大，且青藏直流的二次谐波（100Hz）保护的检测带宽过大，同时采集二次和三次谐波（150Hz）电流，放大的二次谐波在直流侧产生的三次谐波电流导致保护动作。后除了采取主变压器充电前消磁和增加二次谐波滤波器措施外，将 100Hz 保护谐波电流检测带宽调整为 80～120Hz，50Hz 保护为 40～60Hz，有效避免了直流谐波保护误动。

6.1.11 直流滤波器运行时，控制保护系统监测到直流滤波器光 TA 回路异常时，应退出相关保护，不应发紧急故障报警；直流滤波器未投入运行时，控制保护系统监测到直流滤波器光 TA 测量回路异常时应发轻微故障报警。

6.1.12 接地极线路不平衡保护应配置单极运行时移相重启和双极运行时极平衡功能，以实现直流电流快速熄弧。

6.1.13 换流站接地极线路宜配置高可靠性、三重化的差动保护。

6.1.14 双极中性母线差动保护动作后不应合 NBGS 直流开关，防止站内接地过流保护动作影响运行极。

【释义】2013 年 3 月 5 日，龙泉站测量异常导致双极中性母线差动保护动作闭锁，合上 NBGS 开关，因 NBGS 开关电流超过测量范围，极Ⅰ双极中性母线差动保护动作，闭锁极Ⅰ。

6.1.15 后备直流过流保护慢速段动作后应回降功率，不应直接闭锁直流。

6.1.16 直流转换开关保护延时应大于开关正常熄弧时间,防止转换开关拉开后但尚未熄弧时,直流转换开关保护检测到电流后重合导致大地或金属运行方式转换失败。

6.1.17 金属回线横差保护应仅在单极金属回线运行方式下有效,非运行极解锁状态信号误变位导致双极均处于运行状态时,应防止误动作。

6.1.18 直流线路保护应躲过另一极线路故障及再启动的扰动,防止外部扰动引起保护误动。

6.1.19 针对直流线路纵差保护,当一端的直流线路电流互感器自检故障或保护主机重启时,应自动退出两端的直流线路纵差保护。

6.1.20 特高压换流站直流穿墙套管应在换流器差动保护的保护范围内,套管故障后应具有重启非故障换流器的功能。

6.1.21 直流保护应结合相关设备运行状态进行电流取量,防止因电流取量不当导致保护误动作闭锁直流。

6.1.22 直流光 TA 二次回路应简洁、可靠,光 TA 输出的数字量信号宜直接接入直流控制保护系统,避免经多级数模、模数转化后接入。

6.1.23 直流开关和隔离开关提供给每套控制保护系统的辅助接点应独立配置。对于新建工程或双重化配置的直流保护,同时采用分、合闸两个辅助接点位置作为状态判据,避免单一接点松动或外部电源故障导致保护误动或拒动。不能确定实际状态时，应保持逻辑或定值不变。

【释义】2019 年 6 月 21 日，枫泾站极Ⅰ直流系统大地转金属回线顺控操作过程中双极中性母线差动保护和站后备接地过流保护动作闭锁，原因为金属回线运行方式下直流保护判据仅采用隔离开关合位信号，由于 00401 隔离开关两副合位信号接点未正常闭合，导致两套保护未能正确计入金属回线 IDME 电流导致保护误动。

6.1.24 换流变压器、平波电抗器、穿墙套管、直流分压器等设备作用于跳闸的非电量保护"三取二"出口判断逻辑装置及其电源应冗余配置。

【释义】避免非电量元件采用"二取一"原则出口时单接点误动造成直流强迫停运。2003 年以来，由于非电量元件接点误动导致直流强迫停运 13 次。如：2004 年 7 月 17 日，鹅城站因极Ⅱ Y/Y B 相换流变压器分接头 1.5 气体继电器只设置了两副独立的跳闸接点，采用"二取一"出口方式，A 系统接点受潮绝缘降低导致极Ⅱ强迫停运。若将非电量跳闸接点从"二取一"改为"三取二"方式，则既降低了误动概率，又未增加拒动风险。

6.1.25 分层接入受端换流站换流器连接区非电量保护动作范围应与一次设备安装位置保持一致，防止扩大保护动作范围。

【释义】2019 年 2 月 14 日，沂南站低端换流器检修时，极Ⅱ极控收到高低端换流器中点直流分压器压力低跳闸信号，非电量保护"三取二"动作跳闸，闭锁极Ⅱ高端换流器。

6.1.26 换流变压器、油浸式平波电抗器、直流分压器等非电量保护跳闸动作后不应启动开关失灵保护。

【释义】由于换流变压器、平抗非电量保护，直流分压器 SF_6 跳闸等非电量保护动作后，即使通过开关跳闸已将故障隔离，但保护动作信号仍可能保持，存在失灵保护误动扩大停电范围的隐患。

6.1.27 换流站消防系统（阀厅火灾跳闸系统除外）、空调系统相关保护不应发闭锁直流命令。

6.1.28 换流站低容、低抗设备保护应按照双重化配置。

6.2 采购制造阶段

6.2.1 新建工程不宜设置单独的双极保护设备，双极保护功能由极保护装置实现，降低直流双极闭锁的风险。

6.2.2 非电量保护装置应按照极、换流器独立配置、单独组屏，避免单套非电量保护装置检修时影响其他在运换流器或在运极。

6.2.3 应在设备规范书中明确规划设计阶段的各项要求，检查直流保护按照三重化或双重化方式配置，保护冗余配置、出口判断逻辑、输入输出及电源回路的设计满足各套保护独立性的要求。

6.3 基建安装阶段

6.3.1 逐一审查各模拟量输入回路的图纸和实际接线，检查相互冗余的保护回路是否相互独立，核查是否存在测量回路单一模块故障影响冗余保护运行的情况。

6.3.2 通过试验检查电流互感器极性是否正确，避免因极性错误导致保护不正确动作。

6.4 调试验收阶段

6.4.1 调试中应逐一进行开关、隔离开关信号电源断电试验，检查保护是否误动作。

6.4.2 应逐一对交流保护送入直流控制保护系统的信号开展试验和调试，避免交流保护检修调试时对直流系统产生影响。

6.4.3 调试过程中，应对每个保护的逻辑和定值进行试验验证。

6.4.4 验收阶段应逐一检查跳闸回路电缆对地和芯间绝缘正常，避免发生保护误动作。

6.5 运维检修阶段

6.5.1 遇下列情况之一时，本体轻、重瓦斯保护应临时改投报警或退出相应保护：

（1）换流变压器、油浸式平波电抗器运行过程中进行滤油、补油或更换潜油泵。

（2）在本体轻、重瓦斯二次保护回路上或本体呼吸器回路上工作。

（3）采集气体继电器气样或油样。

6.5.2 在有载分接开关油管路上或油流继电器二次回路上工作时，分接开关油流继电器应临时改投报警或退出相应保护。

6.5.3 停电检修时应检测非电量保护回路绝缘情况，确保回路干燥且绝缘良好。

> 【释义】2020 年 2 月 22 日，天山站极Ⅰ高端 Y/Y A 相换流变压器有载调压开关 3 轻瓦斯继电器本体至汇控柜间电缆芯间绝缘降低，导致极Ⅰ高端换流器闭锁。
>
> 2020 年 10 月 6 日，韶山站极Ⅰ低端阀厅 400kV 穿墙套管 SF_6 压力继电器二次回路绝缘降低，极Ⅰ低端非电量保护 A、B 套动作，导致极Ⅰ低端换流器闭锁。

6.5.4 直流保护检修试验后应进行整组传动试验。

6.5.5 对已投运换流站，运维单位要组织专项隐患排查，针对排查出的问题制定并落实整改措施。重点要求如下：

（1）双重化配置的直流保护，对于采用开关和隔离开关分闸或合闸单一辅助接点作为判据的，应进行软件升级，利用 RS 触发器等软件措施改造成同时采用分、合闸两个辅助接点位置作为状态判据。

（2）针对多重保护共用一个辅助接点或一路电源的情况，应进行技术改造，使进入不同保护的辅助接点和电源均相互独立。同一保护的启动和动作回路共用一个辅助接点或一路电源时，也应进行技术改造，将进入启动回路和动作回路的辅助接点及电源分开。

（3）确实无法改造的，应在相应位置接点及电源开关等元件旁添加醒目标识，且制定相应措施避免误拉直流电源开关。

6.5.6　直流控制保护板卡或主机重启前应考虑其对直流系统及其他相关直流控制保护系统的影响，提前采取针对性措施；若对其他直流控制保护系统有影响，应在不影响直流系统正常运行的情况下，退出其他相关直流控制保护系统。

6.5.7　直流保护系统故障退出时应尽快进行处理，减少系统退出运行时间。合理安排保护系统停电检修和缺陷处理，一套系统退出运行前必须确保另外两套系统（双重化配置的为另外一套系统）完好可用，特殊工况下至少保持一套系统完好可用。

6.5.8　直流保护系统故障处理完毕后，将系统由"试验"状态恢复至"运行"状态前，必须检查确认该系统无报警、无跳闸出口等异常信号。

7 防止误操作事故

7.1 防止一极或换流器运行、另一极或换流器检修（调试）时误操作

7.1.1 一极运行一极检修（调试）时，检修（调试）极中性隔离开关应处于分闸状态，禁止在该检修极中性隔离开关和双极公共区域设备上开展工作。

7.1.2 极内一个换流器运行、另一换流器检修（调试）时，检修（调试）换流器旁通开关两侧隔离开关应处于分闸状态，禁止在检修的换流器旁路区域隔离开关设备上开展工作。

7.1.3 运维单位应事前评估分析检修（调试）设备和运行设备之间联闭锁关系，组织制定防止事故发生的安全隔离措施和技术措施。

7.1.4 运维单位应加强施工区域和运行区域的隔离管理，防止施工人员误入运行区域。

7.1.5 顺控自动操作无法执行时，应暂停操作，待查明原因，分析清楚联闭锁关系后，方可按相关规定进行手动操作。

【释义】2014年5月14日，葛南直流在进行大地回线转金属回线操作过程中，由于设备原因顺控操作自动操作无法执行，改为步进操作，由于顺控和步进操作方式下的联闭锁关系不一致，南桥站在未合上站内接地开关的情况下，断开站外接地极，葛南直流无接地点，接地极线开路保护Ⅱ段动作，闭锁直流。

7.1.6 极内一个换流器运行，另一换流器检修（调试）时，应将检修换流器"检修按钮"投入，防止检修换流器保护误动闭锁在运换流器。

【释义】2010 年 8 月 7 日，复龙站处于停运状态的极Ⅱ高端换流器高压侧光 TA 开盖后，内部模块受到外部电磁干扰导致换流器差动保护动作出口闭锁极，导致在运换流器闭锁。

7.2 防止主机、板卡故障处理时的误操作

7.2.1 直流控制保护系统的故障处理应确保另一系统运行正常时开展，故障系统处理应在"试验"状态且相应出口压板（若有）退出的状况下进行。

7.2.2 直流控制保护主机发生不明原因死机故障，运维单位分析评估风险后，可进行一次系统重启，重启应按规定顺序执行，不应直接断开主机电源或按"reset"按钮进行重启。若主机存在故障，且不能直接将系统退至"试验"状态时，在落实相应的安全措施后，断开主机电源后再重新启动。

7.2.3 直流控制保护板卡或主机重启前应评估对其他在运直流控制保护系统的影响，并采取必要的安全措施，如将受影响的系统切至"试验"状态。

7.2.4 直流控制保护系统故障处理完毕后，将系统由"试验"状态恢复至"备用"或"运行"状态前，必须检查确认该系统不存在三级故障及出口信号。

7.2.5 设备运行期间，禁止在控制保护设备室使用无线通信设备，防止电磁干扰引起设备工作异常。

7.3 防止误"置位"、误"整定"

7.3.1 除检修、调试期间外，直流控制保护系统正常运行时禁止"置位"操作，以防误"置位"破坏联锁关系导致设备损坏或停运事故。

7.3.2 检修期间如进行了"置位"操作，检修结束后应清除"置位"，检查确认参数、定值已恢复正常。

7.3.3 运行人员在运行人员工作站开展参数设定时，应防止输入错误参数，如最大

最小功率、参考电流、升降速率等。

【释义】2006 年 1 月 14 日，龙泉站执行功率计划曲线将双极直流功率由 376MW 降至 276MW，输入功率整定目标值 276MW，小于直流控制系统额定电压下最小负荷 300MW，直流控制系统发停运信号，双极闭锁。

7.4　防止换流变压器分接开关误操作

7.4.1　换流变压器出现"分接开关三相不一致""分接开关不同步"等报警信息且不复归时，应汇报调度并暂停功率升降，待检查分析处理后进行下一步操作。

7.4.2　换流变压器分接开关故障处理过程中，应防止同换流器各相换流变压器档位相差 3 档及以上，以免保护误动作。

7.4.3　换流变压器分接开关档位不一致时，首先通过远方手动操作等方式将异常相换流变压器分接开关档位调至与正常相档位相同。异常相分接开关无法调节且与正常相档位差达到 2 档及以上，可调整正常相分接开关档位与异常相档位相差 1 档，故障处理过程中应避免保护动作，必要时申请换流变压器停运。

7.4.4　换流变压器分接开关异常处理工作完成后，在分接开关控制模式由手动切换到自动之前，如果条件允许，可向调度申请在运行人员工作站上远方手动对同换流器换流变压器分接开关同时进行一次升、降操作，确认分接开关调节功能正常。

7.4.5　换流变压器运行时禁止用摇把手动调节分接开关档位。

7.5　防止交直流滤波器误操作

7.5.1　运行极的一组直流滤波器停运检修时，对检修直流滤波器组内电流互感器注流试验前，应分析评估注流对其他直流保护的影响，避免保护误动。

7.5.2　合理安排交流滤波器的运行方式，避免处于运行状态的不同类型滤波器分布在一个大组内，若大组交流滤波器保护动作跳闸将不满足绝对最小滤波器条件，导致直流降功率或闭锁。交流滤波器停电检修时，应保证在运交流滤波器的类型和数量满足绝对最小滤波器要求。

【释义】2013 年 11 月 2 日，葛洲坝站在基建改造过程中，仅有 5611、5612 交流滤波器运行，其余 4 组均在检修状态。5611 交流滤波器 C 相因单只电容器故障导致不平衡保护Ⅲ段动作退出该组交流滤波器，因不满足绝对最小滤波器要求导致直流闭锁。

7.5.3 交流滤波器手动投切时，应采用"先投后切"的原则。

7.5.4 新建直流工程换流站交流滤波器配置须充分考虑设备的冗余可靠性，在一小组滤波器停运维护状态下，任一小组滤波器故障退出不得导致直流闭锁。直流额定满功率运行状态下，任一小组滤波器退出运行不得导致直流降功率或闭锁。

7.6 防止保护投退误操作

7.6.1 对于设计跳闸压板的直流保护，在投入跳闸压板时，应对压板两端对地电压分别进行测量和放电，且完成后立即投入压板，中间不得穿插其他操作，确保压板投入时不会导致保护误出口。

7.6.2 对于在运的直流穿墙套管、直流分压器等设备，其 SF_6 压力低信号接线端子需加装绝缘间隔片或空端子隔离；对新建直流输电工程所有二次交、直流电源接线端子相邻端子间需加装绝缘片或空端子进行物理隔离。

7.7 防止低压直流系统误操作

在低压直流系统中通过拉开馈线开关的方式排查直流接地等故障前，应充分考虑开关断开后果；若断开控制保护主机控制电源，应先确认另一条母线上控制保护主机冗余电源开关运行正常。

【释义】2017 年 3 月 27 日，柴达木站在开展低压直流系统绝缘异常检查处理时，拉开 A 路直流电源空开后，B 路直流电路故障断开，造成双极双套保护退出、双极闭锁。

8 防止开关设备事故

8.1 规划设计阶段

8.1.1 换流站 GIS 原则上应一次建成，减少后期扩建困难。如计划扩建母线，宜在扩建接口处预装可拆卸导体的独立隔室；如计划扩建出线间隔，应将母线隔离开关、接地开关、就地工作电源与监测装置电缆一次全部建成，且预留扩建的间隔气室应加装密度继电器并接入监控系统；预留扩建的间隔包括出线的敞开式设备基础应统一设计、一次建成。

> 【释义】灵州站 330kV GIS 设备建设范围包括在总部和属地公司不同项目中，经协调后由宁夏公司统一采购，同步建成投产，大幅减少设计、施工、投产协调难度，有利于提高建设质量。

8.1.2 换流站交流场宜选用 GIS 设备，800kV 和 550kV 应采用户内 GIS。日温差超过 25K 的地区、环境温度低于−25℃或高于 40℃（历史极限温度的平均值）的地区应采用户内 GIS。交流滤波器断路器宜根据地震烈度和低温等环境条件选用罐式或柱式断路器；最低环境温度低于−25℃时，应选用罐式断路器，并加装罐体伴热带；超低温（低于−44℃）环境下，应开展 SF_6 绝缘与开断能力专题评估。

> 【释义】所有充油充气设备、表计等需满足站址最低温启动和运行要求，水管、气体管路、消防管路满足防冻要求。

8.1.3 严寒地区应考虑直流旁路开关布置方式，户外布置的应结合制造能力选用 SF_6 气体绝缘或混合气体绝缘；阀厅内布置的应考虑阀厅内设备和直流旁路开关的相互影响。冬季降雪较多地区应考虑最大积雪厚度，积雪厚度为 1m 及以上地区宜采用户内 GIS。

8.1.4 GIS 母线通流能力应满足最大穿越电流要求，出线间隔的接地开关切合感应电流能力应满足线路设计要求。

8.1.5 直流转换开关宜完整配置电感、电容、避雷器等元件及其备件，必要时配置断口电流监视功能元件及其备件。

8.1.6 直流转换开关避雷器组的柱间电流分布不均匀系数和容量设计应合理，配置容量不小于计算值 120%且热备用数量不少于 2 支，避免因避雷器特性不一致，运行方式转换过程中击穿。

> 【释义】2014 年 9 月 29 日，银川东站单极大地回线方式向金属回线方式转换时，因 MRTB 开关震荡回路并联多柱避雷器特性不一致，某柱避雷器绝缘击穿。

8.1.7 交流滤波器断路器应配置选相合闸装置，断路器合闸时间分散性应在±1ms 以内并考虑温度等环境因素的修正措施，出厂前进行不少于 50 次的试验验证。断路器合闸时间分散性超过±1ms 的，宜采用合闸电阻。采取合闸电阻时，设计单位应开展合闸电阻对过电压、电流的抑制作用研究，对合闸电阻阻值、动作配合时间、热容量等进行综合计算分析，防止交流滤波器投入过程中产生过电压和涌流而引起设备和绝缘损坏，保护误动。

> 【释义】奉贤和苏州站交流滤波器自投运以来，多次出现断路器合闸预击穿导致直流系统电压、电流波动的情况。由于断路器机械特性的离散性较大，在其合闸时间与选相合闸装置预设参数出现较大差异时，合闸过程中在电压高位发生预击穿，导致交流系统电压波动。

8.1.8 换流变压器进线断路器应配置合闸电阻，防止换流变压器充电时励磁涌流过大而引起保护误动或换相失败。设计单位应开展合闸电阻对过电压、电流的抑制作用研究，对合闸电阻阻值、动作配合时间、热容量等进行综合计算分析。单独采用合闸电阻不足以抑制励磁涌流时，可增配选相合闸装置，加装选相合闸装置的断路器应通过机械环境试验和选相合闸试验。

【释义】2019 年古泉站启动调试以来，多次出现换流变压器充电时励磁涌流较大的情况，导致零序保护动作跳交流侧进线断路器 1 次，站内在运换流器换相失败 2 次。在合闸次数基本持平的情况下，双极高端励磁涌流超过 5000A 共 31 次，双极低端 1 次。合闸电阻因存在预击穿情况，有效投入时间不足，更换断路器或合闸机构成本高，增加选相合闸优化合闸角，在一定程度上抑制励磁涌流。

8.1.9　GIS 母线避雷器和电压互感器不应装设隔离开关，应设置可拆卸导体作为隔离装置；可拆卸导体应设置于独立的气室内；架空进线的 GIS 线路间隔的避雷器和电容式电压互感器宜采用敞开式设备。

8.1.10　1000kV GIS 应根据仿真计算，具有耐受快速暂态过电压（VFTO）的能力，必要时配置三相电磁式电压互感器。

【释义】2016 年 6 月 21 日－7 月 16 日，某变电站 1100kV GIS 系统调试期间，母线 6 次放电。2018 年 2 月 5 日，某变电站 1000kV GIS 1 号母线复役时，1 号母线 C 相气室放电。后续两站将单相电压互感器更换成三相电压互感器后，现场调试、耐压及操作均正常。

8.1.11　550kV 及以上 GIS 的隔离开关、接地开关应采用分相独立操动机构，独立设置位置指示器；252kV 及以下电压等级 GIS 如采用三相联动操动机构，应严格把控传动连杆的材料、加工精度与安装质量，独立装设位置指示器，严禁采用链条传动式操动机构。

8.1.12　交流滤波器断路器、直流旁路开关等敞开式断路器宜选用复合硅橡胶外套，避免爆炸伤人；交流滤波器断路器宜通过 4 轮 C2 级裕度试验（每轮 120 次关合和 96 次最短燃弧时间的开断）。

8.1.13　GIS 绝缘裕度设计应充分考虑异物附着造成的电场畸变。GIS 内部应设计粒子收集装置。

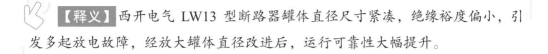

【释义】西开电气 LW13 型断路器罐体直径尺寸紧凑，绝缘裕度偏小，引发多起放电故障，经放大罐体直径改进后，运行可靠性大幅提升。

8.1.14 GIS 主回路电阻值按照不大于型式试验实测值的 120%要求进行设计校核。

8.1.15 GIS 最大气室的气体回收时间不应超过 8h，避免检修和故障处理过程回收气体时间过长。500kV 及以下 GIS 的单个主母线隔室的 SF_6 气体总量不宜超过 300kg，750kV 及以上 GIS 单个主母线隔室的 SF_6 气体总量不宜超过 650kg。

【释义】2013 年 6 月 25 日，某变电站 220kV GIS 盆式绝缘子闪络导致现场局放试验未通过。因该 GIS 母线未采用单气室结构，未满足"每个独立的主母线隔室设计容积满足 SF_6 气体充入质量不宜超过 300kg"的要求，排查母线支柱绝缘子需回收整条母线 SF_6 气体，母线内排查难度极大。

8.1.16 不应采用管路连接 GIS 相邻的独立气室（小隔室除外），避免故障气室劣化的 SF_6 气体污染其他气室而扩大故障范围，应对独立气室安装单独的气体密度继电器。

8.1.17 GIS 串内断路器应在两侧配置电流互感器；共气室的 GIS 断路器和电流互感器气室间应设置隔板（盆式绝缘子），防止 TA 气室潮气带入断路器气室而影响断路器灭弧性能。母线侧隔离开关、接地开关应设置独立气室，与母线气室隔离。GIS 避雷器应设置独立气室，应装设防爆装置、监视压力的压力表（或密度继电器）和充/补气专用阀门。

8.1.18 GIS 电压互感器、避雷器气室宜设置压力释放装置（爆破片），避免压力升高引起罐体破裂。喷口不应朝向巡视通道，必要时加装喷口弯管，以免伤及运行巡视人员。户外 GIS 压力释放装置喷口应采取防雨水进入措施。

8.1.19 GIS 间隔应多点接地，严禁壳体采用支架直接接地，并确保相连壳体间的良好通路，避免壳体感应电压过高和异常发热威胁人身安全。非金属法兰的盆式绝缘子跨接排、相间汇流排的电气搭接面应镀银，并采用可靠防腐措施和防松措施。接地排应直接连接到地网，电压互感器、避雷器、快速接地开关应采用专用接地线直接连接到地网，不应通过外壳和支架接地。应提交各接地点接地排的截面设计报告。

8.1.20 制造厂应确保操动机构、盆式绝缘子、绝缘拉杆、支撑绝缘子等重要核心组部件具有唯一识别编号，以便查找和追溯。

8.1.21 盆式绝缘子不宜水平布置，尤其是避免凹面朝上，特别注意断路器、隔离/接地开关等具有插接式运动磨损部件的气室下部，避免触头动作产生的金属屑造成运行中的 GIS 放电。

【释义】2014 年 9 月-10 月，某变电站 500kV GIS 现场交流耐压试验中发生 6 起隔离开关动触头侧水平布置的盆式绝缘子凹面沿面闪络。

2020 年 5 月 10 日，宜宾站 550kV GIS 5221 断路器 TA 气室放电，引起 I 母、宾叙二线差动保护动作跳闸。解体检查及原因分析：故障 GIS TA 气室盆式绝缘子采取水平布置，解体发现盆子表面及周围存在明显放电烧蚀，分析认为内部存在微量杂质，造成电场畸变和水平盆式绝缘子沿面放电（见图 8-1、图 8-2）。

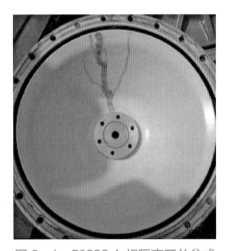 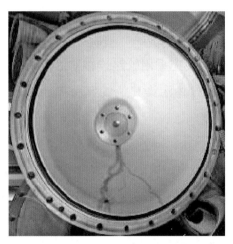

图 8-1　50232 A 相隔离开关盆式　　　图 8-2　50331 A 相隔离开关盆式
　　　　　绝缘子沿面闪络　　　　　　　　　　　绝缘子沿面闪络

8.1.22 开关设备吸附剂罩结构设计应避免吸附剂颗粒脱落，材质应选用不锈钢或其他高强度材料。吸附剂应选用不易粉化的材料并装于专用袋中，绑扎牢固。

【释义】2014 年 12 月 29 日，柴达木站 330kV 断路器中吸附剂脱落导致断路器内部放电。断路器吸附剂罩设计不合理，未有效将吸附剂包装袋完全防护在内，吸附剂罩只起到挡板作用，吸附剂颗粒脱落掉入罐体内部，引起电场畸变，进而发展成短路故障。

8.1.23 应采用防振型密度继电器，避免运输和运行过程中受振动损坏。

8.1.24 户外安装的密度继电器应设置防雨罩，避免指示表、二次部分和充/取气接口积水。应保证指示表、控制电缆接线盒和充放气接口均能够得到有效遮挡；二次线电缆外部穿管应在低位区设计排水孔，并避免高挂低用导致管内积水倒灌至继电器与二次接线接头位置。二次线电缆接入位置应具备防水功能。

8.1.25 密度继电器与断路器本体之间的连接方式应满足不拆卸校验要求，提升校验的便利性。

8.1.26 表计安装应靠近巡视走道，不应有遮挡，其安装位置和朝向应充分考虑巡视的便利性和安全性。密度继电器、避雷器泄漏电流等表计安装高度不宜超过 2m（距离地面或检修平台底板）。

8.1.27 充气口宜避开绝缘件位置，避免充气口位置距绝缘件过近导致充气过程中携带异物附着在绝缘件表面。

【释义】2014 年 9 月 30 日，某变电站 1000kV GIS 现场交接试验中，发生一起盆式绝缘子沿面闪络。分析原因为充气口距离盆式绝缘子太近，导致充气过程中携带异物吸附在盆式绝缘子表面，进而引发闪络。

8.1.28 为便于运行中进行特高频局放检测，盆式绝缘子预留浇注口位置应避开二次电缆、金属线槽、构架及支架等部件，且浇注口应朝向巡视通道方向，浇注口盖板宜采用非金属材质，避免开展带电检测过程中多次打开浇注口盖板后造成螺丝松动。

8.1.29 宜在 GIS 中装内置特高频局放传感器，在相当于 5pC 局放信号下的任意位置，至少有两个内置传感器能检测到并进行定位；内置特高频局放传感器应逐个进行性能检测，提升局放检测的有效性。制造厂应出具传感器布点设计详细报告。严禁在盆式绝缘子上浇注特高频内置传感器。

8.1.30 应保证内置传感器与一次设备同等寿命，且在"N 型"接头末端开路时传感器自身不得产生局放信号，避免由于内置传感器引起 GIS 性能下降。

8.1.31 应全面考虑影响伸缩节配置的因素，确保罐体和支架之间的滑动结构能保证伸缩节正常动作，避免配置不当导致 GIS 受损。用于轴向补偿的伸缩节应配备伸缩量计量尺，并在现场标明伸缩量、螺栓松紧情况等调整要求。

【释义】2012 年 8 月 5 日，某变电站 750kV GIS 母线端部垂直母线筒底座、固定支架与基础翘曲开裂（22 处），母线垂直母线筒与串内过渡母线筒伸缩节呈不规则变形。原因为母线固定支架设计时，只考虑了垂直承载力计算和校核，未考虑热胀冷缩时碟簧温度补偿波纹管伸缩时对支架的水平反作用力，导致水平力在母线两端叠加至最大，使支架从基础底面拔出、开裂，同时造成垂直母线筒与串内母线筒过渡连接波纹管扭曲变形。

8.1.32　GIS 伸缩节支架设计应同时考虑垂直承载力和伸缩节变形对支架的水平作用力，避免支架结构和强度设计不当导致开裂等受损。

8.1.33　应确保操动机构的操作功具有一定裕度，避免长期运行后操作功下降导致合分闸不到位。

【释义】2013 年 8 月，某变电站 220kV GIS 隔离开关操动机构因质量问题合闸不到位导致放电。主要原因为机构弹簧储能不能完全满足合闸操作需要。机构操作力设计裕度偏小，隔离开关机构长时间运行，其弹簧力值变化至设计要求下限后，不能保证现场设备因锈蚀等原因造成阻尼不同程度增大后的可靠合闸。

8.1.34　断路器、隔离开关主通流回路接头接触面保证足够设计裕度，载流密度应执行 20.1 技术标准，防止载流密度过大导致设备接头过热。

8.1.35　大电流工况下（超过 5000A），直流通流回路设备端子板和金具接触表面宜选用铜或铜镀银材质。直流通流回路连接端子表面光洁度宜控制在 5μm 以内。

【释义】2015 年 6 月 18 日，复龙站直流场 80212 隔离开关静触头底座软连接接触处发热，温度最高达 119℃，该位置软连接已于 2014 年年度检修期间进行改造换型，增大了软连接的接触面积，后续检查中发现软连接接触面有轻微凹面现象，导致实际接触面积减少（见图 8-3）。

图 8-3   80212 隔离开关软连接接触面

8.1.36   新建工程旁路开关位置传感器应采取冗余化配置等有效措施,避免因单个传感器异常造成冗余换流器控制系统故障影响直流运行。

8.2   采购制造阶段

8.2.1   设计单位应结合工程实际情况对制造厂提供的伸缩节配置计算书和配置方案是否满足工程需要进行审核把关。采用压力平衡型伸缩节时,每两个伸缩节间的母线筒长度宜不超过 40m。明确标识起调整作用的伸缩节,避免现场紧固错误。

8.2.2   设计单位应校断路器、隔离开关接头,校核接头材质、有效接触面积(去除螺栓孔面积)、载流密度、螺栓标号、力矩要求等,设计图纸中应包含接头形状和面积计算,技术指标符合设计要求。

【释义】2013 年复奉直流满负荷试验过程中,复龙站直流场 80112、80121、80212、80221 隔离开关静触头与汇流板接触部位有过热现象,奉贤站直流场 80112、80221 隔离开关静触头与汇流板接触部位温度偏高。2014 年中州站高低端大负荷调试期间发现直流隔离开关接线板、零磁通 TA 接头、NBS 断路器连接板、平抗接头均存在不同程度的发热情况。2014 年金华站阀厅通流回路接头存在不同程度的发热情况,进行主通流回路载流密度计算,发热接头均不满足载留密度要求。

2014 年年度检修期间对复奉、锦苏、宾金等换流站进行金具换型改造。

8.2.3 设计单位应复核端子板机械荷载，防风沙、风水措施。

【释义】设备本体承受风速的大小应采用折算至设备最高处的风速，同时充分考虑沙暴对风压的增益作用。提高设备表面喷漆工艺水平，采用具有憎尘性的专用漆；外露的连杆、密度表等部件加装防护罩（不低于 IP65 防尘防水等级）等措施，避免沙尘进入；加强机构箱、端子箱门以及连杆等处采用加厚的不锈钢外壳，双层密封门；选用防风沙专用继电器；敞开式隔离开关触头应有防风沙措施。

8.2.4 确保 GIS 装配环境的可控、可测，保证灭弧室装配车间环境洁净度等级达到十万级，总装车间达到百万级水平的要求，确保工厂装配全过程的温湿度严格控制。制造厂应每天对洁净度和温湿度进行测量并记录。

【释义】2016 年 1 月 30 日，复龙站 5153 B 相断路器屏蔽罩放电，导致极 I 低端换流变压器差动保护跳闸，500kV 2 号 M 母差保护跳闸，原因为厂内安装时未严格按照工艺守则及产品作业指导书的要求执行，导致部分灰尘及杂质残存在灭弧室及屏蔽罩内部。断路器运行期间，灰尘及杂质在 SF_6 气体吹弧及电场的作用下，移动到电场最薄弱的电阻侧屏蔽罩下方。电阻侧屏蔽罩底部对罐体底部的杂质在相电压的作用下形成放电通道，导致短路。

2019 年 5 月 27 日，宝鸡站 7511 B 相断路器断口母线侧屏蔽罩与断路器壳体处放电，导致 750kV I 母两套母差保护动作跳闸。原因为断路器内部存在异物颗粒，分闸时断路器压气缸气流将颗粒从低场强区吹出，悬浮运动到屏蔽罩与壳体绝缘最薄弱处放电击穿，导致断口母线侧发生接地故障。

8.2.5 带合闸电阻新型断路器应按照标准进行型式试验，并校核合闸电阻元件热容量，补充绝缘试验，验证合闸电阻绝缘性能。

【释义】2017 年 5 月 27 日，灵州站 7632 断路器 C 相合闸电阻击穿、引起接地故障，返厂补充进行绝缘试验、容量试验后判断为装配工艺质量不良。

祁连站自投运以来，西开供货的滤波器场罐式断路器发生了两起灭弧室闪络事故，结合年检和滤波器轮停，对 51 台罐式断路器进行了开盖检查，发现有 6 台断路器合闸电阻存在破损，破损部位均为靠法兰侧（见图 8-4）。

图 8-4 西开罐式断路器合闸电阻片破损

8.2.6 断路器跳闸继电器及非电量保护出口继电器功率不小于 5W，防止因动作功率不足造成误动。

【释义】2019 年 9 月 10 日，高岭站 5152 断路器三相跳闸，断路器操作箱三相跳闸指示灯不亮，合位指示灯灭。现场检查确认非全相继电器动作功率偏小，抗干扰能力不足，由于直流换流站场区谐波含量较大，受运行谐波干扰误动所致。非全相跳闸继电器 K12 动作电压 98V，其电阻值 21.51kΩ，动作功率为 2.25W，后续更换为更大功率的继电器。

8.2.7 220kV 及以上电压等级 GIS 断路器出厂试验时进行不少于 200 次的机械操作试验（其中每 100 次操作试验的最后 20 次应为重合闸操作试验），以保证触头充分磨合，操作完成后应开盖清洁壳体内部（含屏蔽罩），再进行其他出厂试验。

【释义】2008 年 10 月 9 日，某变电站 750kV GIS 断路器因内部金属异物导致调试过程盆式绝缘子闪络。拆除屏蔽罩，在圆形绝缘滑板和传动轴部位检查发现金属丝。原因为断路器机械操作过程中传动杆划伤产生金属丝（见图 8-5、图 8-6），被气流吹到屏蔽罩内侧和盆式绝缘子表面引起电场畸变，造成闪络。

2015 年 1 月 24 日，胶东站降功率过程中滤波器自动切除，5623 C 相断路器熄弧后电弧复燃，零序过流保护动作跳闸。故障原因为断路器频繁分合灭弧室产生金属屑，引起电场畸变，使灭弧室沿瓷壁发生贯穿性击穿，导致灭弧室瓷套炸裂。

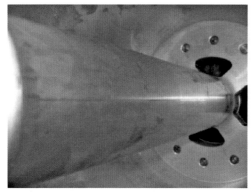
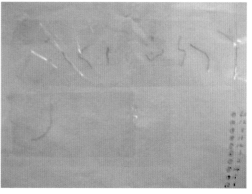

图 8-5　断路器传动轴上划痕　　　图 8-6　断路器中发现的金属丝

2019 年 7 月 31 日，祁连站 7622 断路器 B 相内部放电，导致 62M 母工频变化量差动保护、HP24/36 比率差动保护、HP24/36 差动速断保护均动作。解体检查确认灭弧室装配环节在螺纹攻丝时未清理干净，运行操作中从螺纹孔内掉入灭弧室下部，引起场强畸变，发生放电。

2020 年 1 月 3 日，祁连站 800kV GIS 75611 隔离开关 C 相屏蔽罩异物放电，导致 I 母线保护动作跳闸。解体检查及原因分析：75611 隔离开关 C 相由于厂内质量管控方面存在不足，藏匿在隐蔽缝隙处的异物长期带电运行后，在电场电磁振动等作用下移出，坠落过程中电场畸变，导致屏蔽罩放电。

2020 年 1 月 5 日，某变电站 550kV GIS 50412 隔离开关 A 相动触头屏蔽罩异物放电导致石雅三线双纵联保护动作跳闸。解体检查及原因分析：早期产品采用盆式绝缘子采用凹面向上的水平布置方式，出厂前并未开展 200 次机械磨合试验。50412 隔离开关动静触头运行操作中产生金属碎屑掉落，导致 A 相动触头侧屏蔽罩对外壳的击穿放电。

8.2.8　252kV 及以上 GIS 出厂前应通过正、负极性各 3 次额定雷电冲击电压耐受试验，避免异物、尖端等引起电场畸变而导致放电。

8.2.9　防止运动部件装配不良产生金属异物。注意运动部件的相对位置，必要时进行测量，确保对中良好和间隙适当。采用力矩扳手进行螺栓紧固，防止螺栓过松或过紧。装配完成后，操作运动部件，观察运动效果，避免异常情况。

【释义】2012 年 4 月 28 日，某变电站 7551、7550 断路器由检修转至热备用时发生放电，故障断路器解体后发现，导向滑块固定螺栓已松动，滑块上的尼龙垫板脱落（见图 8-7），在合、分闸操作过程中钢制导向滑块与导轨（铸铝合金）直接接触，摩擦产生大量金属屑，进而引发放电故障。尼龙垫板脱落的原因是导向滑块与导轨的间隙调整不当，导向滑块异常受力，运行一段时间后发生脱落。

图 8-7 拆下的连接臂状态（导向滑块上、下、左、右共 4 个）

8.2.10 交流滤波器断路器、直流转换开关、GIS 设备充/取气口位置应考虑检修维护便捷，且接口型号规格宜统一。

8.2.11 应对 GIS 生产车间的所有吊装器具、工装等定期清理，罐体内应使用专门的吸尘器管，使用后专门清理，专门保管，不得落地。

8.2.12 应严格控制罐体铸造等各项加工工艺，加强罐体例行水压和气密检测，避免内部裂纹的产生。

【释义】2014 年 3 月 19 日，某变电站 500kV GIS 母线 I 母检修孔盖板开口内侧出现开裂现象。通过开展金相试验、化学元素分析、力学硬度测试等试验分析，确认为制造质量不良，存在材质不合格及铸造缺陷，同时设计不合理，开裂处壁厚偏薄，结构过渡不良存在应力集中。

8.2.13 应对 GIS 及罐式断路器罐体焊缝进行无损探伤检测，对 500kV 及以上 GIS 罐体的 A、B 类焊缝 100%进行 X 射线探伤，必要时可进行着色探伤和抽样超声探伤。

【释义】2015 年，绍兴站 GIS 出厂时补充进行了焊缝探伤检测。

8.2.14 开关设备加工后应严格进行尺寸测量，装配前应进行配合尺寸复核，装配过程应严格按照工艺文件操作，避免异常受力导致罐体或盖板等金属部件破损。

【释义】2010 年 3 月 7 日，某变电站 33052 隔离开关 A 相静触头均压罩对罐体放电，SF_6 密度继电器压力指示为零，A 相气室爆破片破裂。造成爆破片异常破损原因是由于爆破片在制造厂装配过程中装配质量不良，使爆破片曲面部位的尺寸出现偏差造成曲面损伤，导致爆破片在低压状态下破裂。

2016 年 9 月 6 日，德阳站 5622 断路器 A 相灭弧室下端部有明显漏点（三联箱与灭弧室连接部位）。解体发现瓷套密封面未发现裂纹但内孔局部倒角发现有磨损痕迹，且磨损位置同动触头缸体压痕位置按照装配关系刚好对应，经测量，故障瓷套内孔尺寸为 $\phi227.5mm$，不符合装配 $\phi240\pm8mm$ 的要求。现场运行中，瓷套内部最薄弱的部位达到疲劳极限后突然发生应力释放，产生贯穿性裂纹，SF_6 气体通过瓷套内壁裂纹直接经过水泥胶装处泄漏。

8.2.15 GIS 导体、绝缘件等关键元件吊装、转运过程中应做好防护，避免磕碰。
8.2.16 重视绝缘件的表面清理，宜采用"吸–擦"循环的方式。对于空心绝缘件，应设计并应用内壁清洁工装，避免内壁残留异物引发放电。盆式绝缘子、绝缘拉杆、支撑绝缘子应确保原材料和生产浇注各环节的洁净度。

【释义】2008 年 4 月 30 日，某变电站 500kV HGIS 送电运行 5h 后，隔离开关气室发生放电。解体检查发现其中绝缘拉杆（瑞士 AXICOM 公司进口）内壁已严重碳化，外表面大部分被电弧灼伤。绝缘拉杆两头断裂，中间部位较完整。故障原因为绝缘拉杆内壁附有异物，送电后异物在电场的作用下移动至高场强部位造成绝缘拉杆放电。

2020 年 5 月 8 日，某变电站 800kV 罐式断路器 7552 合闸电阻屏蔽罩对地放电导致 Ⅱ母设备跳闸。解体检查及原因分析：故障罐式断路器为双断口带合闸电阻结构。现场解体检查，断路器内部异物放电导致合闸电阻故障，故障断路器合闸电阻下屏蔽罩对罐体内壁闪络放电，引起电阻片温度急剧升高炸裂。

8.2.17 盆式绝缘子、绝缘拉杆、支撑绝缘子应无裂缝、气孔、夹杂等缺陷。盆式绝缘子、绝缘拉杆（包括国产和进口）、支撑绝缘子应逐支进行 X 射线探伤、工频耐压、局部放电试验，单个绝缘件局放值应不大于 3pC，局放前先开展 5min 耐压，试验工装应尽可能等效盆式绝缘子、绝缘拉杆、支撑绝缘子在产品中的电场分布。

【释义】 2010 年 5 月 6 日，某变电站 500kV HGIS 发生隔离开关绝缘拉杆放电故障。把绝缘拉杆分割成六段，右侧金属端（传动侧）与第四段切块处有贯通性孔洞，与小孔连接，沿无纺布层的圆周方向呈现剥离状态的褐色部分。由于制造厂未开展绝缘拉杆逐支性能试验，未能发现绝缘拉杆的内部缺陷。

2010 年 12 月 28 日，某变电站 T021 断路器 A 相靠 1 号母侧套管 B5 气室压力下降，相邻管母 B4 气室压力升高。后续检查发现盆式绝缘子表面有一条明显的裂缝，从外壳金属法兰延伸至内侧金属触头，裂缝周围表面平滑。

2012 年 3 月 17 日，某变电站 1000kV HGIS T012 间隔 C 相母线气室故障，后续检查发现 T012 间隔 C 相靠近 1000kV 2 号 M 侧母线气室中间的盆式绝缘子上有明显裂纹，有明显的气体渗漏。

2013 年 11 月 1 日，苏州站年度检修时发现 5042 断路器 B 相分闸时间为 95～96ms，超出产品技术标准要求值（标准 15～25ms），后续解体检查发现第一级灭弧室连接臂接头处断裂，由铸造缺陷所致，属部件质量问题。

2019 年 11 月 15 日，扎鲁特站 500kV 扎向 2 号线出线 G88A 气室漏气，压力开始有下降趋势，且分解物检测发现 SO_2 超标，达到 65.4ppm。气室套管下端第一个绝缘盆子进行开盖检查，发现绝缘盆子两侧均有烧伤，绝缘盆子表面存在裂痕，母线桶内壁存在放电凹痕。确认绝缘盆子存在质量缺陷，未能承受设计范围内的操作过电压，最终导致导电杆对母线桶壁放电。

2020 年 3 月 16 日，某变电站 1100kV T0122 GIS 隔离开关绝缘拉杆内部放电闪络爆裂导致气室放电，引起 2 号母线跳闸。解体检查及原因分析：T0122 隔离开关绝缘拉杆存在裂纹等质量缺陷，最终沿内部形成贯穿性放电通道，在电弧烧蚀作用下绝缘拉杆爆裂。同批次绝缘拉杆在该站曾发生过同类故障，属批次质量问题。

2020 年 4 月 15 日，某变电站 800kV GIS 母线支柱绝缘子断裂放电导致Ⅱ母母差保护动作。解体检查及原因分析：支柱绝缘子断裂问题在该站五期工程已发生 2 次，可判定存在批次质量问题。由于质量管控出现疏漏，使支柱绝缘子出现微裂纹，缘子高压端金属嵌件与环氧树脂界面之间存在绝缘缺陷，导致局部放电发展成放电通道，最终造成击穿炸裂。

8.2.18 盆式绝缘子中心嵌件使用前应采用超声波清洗，如有表面涂覆，需制定严格的涂覆措施，涂覆完成后仔细检查表面有无气泡、杂质，并确认涂覆厚度满足工艺要求。

8.2.19 盆式绝缘子制造过程应严格执行合理的固化时间和固化温度，避免绝缘件内应力过大。

【释义】2012 年 12 月 12 日，某变电站 1000kV GIS 盆式绝缘子放电，从中心导体至外圈法兰有一道在径向和厚度方向均贯穿且非常笔直的裂缝，中心导体附近有一小块树脂脱落。分析认为是由于中心导体附近树脂应力集中，产生裂纹，并逐渐发展为贯穿性裂缝，最终引发放电。

8.2.20 合理设计并使用绝缘拉杆接头压接工装，避免接头脱落；设计绝缘拉杆安装专用工装，避免装配时发生磕碰，受到异常外力损坏。

【释义】2008 年 10 月 9 日，某变电站 750kV GIS 断路器绝缘拉杆上部金属部件脱离。原因为粘接面粗糙度不足，没有使用工装压接接头，内外接头存在间隙，造成脱落。

2019 年 8 月 29 日，昌吉站调试过程中，7031 断路器 B 相内部放电，导致极Ⅰ低端换流变压器引线差、大差比例差动保护动作，Ⅲ母失电。解体检查发现断路器机构侧第一级灭弧室两支并联的辅助拉杆其中一支金属接头拉脱，脱落的碎屑在气流及重力作用下落入罐内下方，造成电场畸变引发放电。

8.2.21 绝缘拉杆要在打开包装后的规定时间内完成装配过程，应采取措施避免管状绝缘拉杆受潮。暴露在空气中时间超出规定时间的绝缘件，使用前应进行干燥处理，必要时重新进行出厂试验。装配完成后，储存和运输过程中绝缘件暴露在空气中的时间也不得超过厂内装配规定时间。

【释义】2010 年 2 月 22 日，复龙站交流场调试时，51232 隔离开关气室发生放电，检查发现隔离开关绝缘拉杆已发生内部放电炸裂，靠近隔离传动轴侧已撕裂、严重变形。分析认为由于该产品隔离开关与一段母线共气室设计，且动触头侧是通气盆式绝缘子，运输安装阶段绝缘拉杆都曾暴露在空气中，造成拉杆受潮。现场安装加充干燥剂和抽真空，对绝缘拉杆内壁的干燥效果有限，导致潮气或水分遗留在绝缘拉杆内壁，遂在带电时发生放电。

8.2.22　绝缘拉杆装配过程中采用力矩扳手并合理使用防松胶，避免螺栓过紧或松动，受到异常外力损坏。

【释义】2014 年 10 月 20 日，某变电站 220kV 1 号主变压器间隔 201 断路器进行机械特性试验时，试验结果与出厂试验、交接试验结果存在较大差异。返厂解体后发现，绝缘拉杆连接螺母已经松脱，绝缘拉杆端部螺杆已经顶弯。通过核查装配工艺文件，确认该螺母安装过程中未使用力矩扳手进行紧固，且螺母内未涂防松胶，在现场操作时螺母松动。

8.2.23　提升 GIS 隔离开关气室绝缘传动杆卡槽与轴承端盖卡齿制造工艺，避免摩擦产生金属粉末。

【释义】2017 年 11 月 19 日，韶山站 550kV GIS 50822 隔离开关气室放电。检查分析确认为绝缘传动杆卡槽与轴承端盖卡齿摩擦产生的金属粉末造成绝缘传动杆及气室绝缘性能劣化，在正常操作过电压下发生放电。

8.2.24　应增加密封硅脂、润滑脂（油）涂覆后的操作及检查环节。避免因硅脂过量滴溅导致盆式绝缘子闪络。润滑脂涂覆后应观察有无异常，避免润滑脂涂覆不足导致零部件过度磨损，或者涂覆过量造成动作过程中的遗撒喷溅。

【释义】2011 年 11 月 25 日，某变电站 5043 断路器 B 相从冷备用转热备用时发生放电，解体发现罐体底部和动触头压气缸内部存在较多铝屑，压气缸内壁及活塞导向带有较严重划痕，压气缸内壁润滑脂很少，而非故障侧未发现铝屑且压气缸内壁及活塞导向带划痕不明显，分析原因是润滑脂涂覆不到位。

2014 年 12 月 10 日，某变电站 500kV GIS 断路器机构拐臂轴承润滑油涂抹过量，在操作时连同轴承磨损产生的杂质飞溅到绝缘支撑筒内壁，导致闪络。

2019 年 5 月 14 日，高岭站停电检修期间对 5121 断路器进行分解物检测，发现 C 相 SO_2 含量超标，达到 24ppm。同型断路器在高岭站运行共计七组，且曾于 2017 年 9 月及 2018 年 9 月发生过两起合闸电阻烧损事件。通过先后 18 支合闸电阻解体检查，最终确定故障原因。动触头拉杆导电部位在装配过程中，润滑脂涂抹过量。润滑脂混合了金属杆与金属帽之间摩擦产生的银粉，涂抹过量的润滑脂混合着银粉，断路器操作时，甩到动触头拉杆外表面及绝缘护管的内表面，大大降低了拉杆及绝缘护管的绝缘强度。断路器合闸时，发生沿面放电，多次累积，形成贯穿性放电通道，电弧产生的高温加速了绝缘护管的老化，最终击穿炸裂，将电阻片挤碎。

8.2.25　应采取措施防止金属件表面油漆或镀层脱落。严格执行金属件表面的处理工艺，保证达到附着力要求；进行电镀、涂覆前，应对附近无需处理的部位做好防护，并在工艺完成后进行清理。

【释义】2020 年 4 月，某变电站隔离开关气室内部多处部位普遍存在黑色痕迹和明显异物，接地开关内部连杆导向槽镀镍层磨损脱落。

8.2.26　应严格清理安装孔、工艺孔或屏蔽罩内的异物。避免清理不彻底，经过运输或运行振动掉落引发放电。厂家应对清理过程及结果保留影像资料。

8.2.27　应严格对滑轨滑块等滑动摩擦部件进行粗糙度检查，避免磨损和卡涩。检查结果应编号留档，便于后续开展质量追踪。

【释义】2014 年 5 月 11 日，某变电站 500kV HGIS 断路器合闸电阻传动及导向缺陷导致无法正常合分闸。经检查发现 A 相的合闸电阻左侧上部连接臂滑轨表面损伤较为严重（见图 8-8、图 8-9）。分析发生磨损原因为：此导体滑轨表面粗糙度不满足要求，在分合操作过程中，对滑块的磨损比较大。

图 8-8　合闸电阻左侧上部滑轨　　　图 8-9　磨损滑轨对应的滑块

8.2.28 应对 GIS 金属材料和部件材质进行质量检测，对罐体、传动杆、拐臂、轴承（销）等关键金属部件应按工程抽样开展金属材质成分检测，按批次开展金相试验抽检，并提供检测报告。

【释义】2008 年 5 月 10 日，江陵站 500kV GIS 50122 隔离开关 C 相操动机构齿轮销子断裂导致分闸不到位。检查发现隔离开关操动机构齿轮销子断裂故障，造成隔离开关较长时间分闸不到位，隔离开关断口间多次击穿，导致对断路器均压电容多次充电导致过热，靠近 50122 隔离开关（操动机构侧）均压电容损坏。

2012 年 6 月 15 日，苏州站 5612 断路器 C 相断口绝缘子断裂，现场检查发现断路器操作连杆拐臂断裂。对断裂拐臂进行测试分析后，发现断裂拐臂存在质量问题。金相检查发现断口附近均存在一层石墨未球化区域，未球化的片状石墨严重的降低了拐臂的力学性能。该区强度、塑性及韧性较低，在运输、搬运或装配过程中受到异常外力时容易发生断裂。

8.2.29 应严格执行装配流程并提高工艺装备水平，避免传动部件异常受力导致变形，并保证传动部件连接可靠。

【释义】2019 年 1 月 29 日，胶东站 5621 断路器并联电容器由无功控制自动切除，B 相未正确分闸。后续检查发现机构箱内分闸脱扣器棘爪杠杆传动转轴厂内装配不到位，现场多次分闸后，转轴不断偏移、脱出。分闸脱扣器棘爪杠杆与杠杆卡死，无法正常脱扣分闸。

2020 年 1 月 16 日，芜湖站 1100kV TO32C GIS（西开，型号 ZF17A-1100）断路器电阻开关动触头与绝缘拉杆之间的金属连接头断裂，传动机构失效，导致断路器复役过程中电阻开关断口击穿引发接地放电，引起湖安Ⅰ线和 1 号主变跳闸。解体检查及原因分析：TO32C GIS 断路器由于厂内及现场装配不规范、检查不到位，造成电阻开关机构连接头与绝缘拉杆金属接头之间存在间隙，在机械操作过程中产生缺陷并不断扩大，最终导致断裂，传动失效，引起电阻开关无法分闸到位，导致电阻开关断口击穿引发接地放电。

8.2.30 应严格检查销轴、卡环及螺栓连接等连接部件的可靠性，防止其脱落导致传动失效。传动部件装配过程中应保证连接部件间的连接可靠性，轴销及卡环的安装、检查不宜中断，需要螺栓连接的应采用力矩扳手紧固并做好紧固标识。

【释义】2007 年 11 月 3 日，某变电站 220kV GIS 断路器操动机构连接拉杆的螺栓脱落导致拒分。解体检查发现连接动触杆与机构连杆法兰的螺栓脱落，螺栓脱落的原因是制造厂在组装过程中没有拧紧该连接处的 6 颗螺栓。

2015 年 4 月 23 日，某变电站启动过程中 500kV GIS 隔离开关操动机构无法合闸。拆除与操动机构相连的拐臂箱，发现轴销脱落，拐臂变形，绝缘拉杆衬套处有异常磨损，同时发现本台断路器未装设用于固定轴销的卡环。分析原因，厂家未按照工艺指导文件要求进行组装，在轴销安装完成之后，漏装固定轴销的卡环，造成轴销脱落，绝缘拉杆与内拐臂脱离，导致断路器无法分闸。

2019 年 1 月 29 日，胶东站 5621 并联电容器由无功控自动切除，62 号 M 母线保护动作跳闸，跳开进线断路器及小组滤波。分析为机构箱内分闸脱扣器棘爪杠杆与杠杆卡死，无法正常脱扣分闸。卡死原因为分闸脱扣器棘爪杠杆传动转轴厂内装配不到位。

2019 年 9 月 29 日至 10 月 8 日，古泉站 1100kV GIS 进行超声波和特高频带电检测的过程中，T033A 相断路器检测到超声波异常信号，且信号具有振动特征。开盖检查发现内部静侧屏蔽罩 2 处螺栓孔存在裂纹，返厂解体检查确认屏蔽罩紧固螺钉松动，屏蔽罩受力不均匀，导致屏蔽罩安装孔附近金属疲劳开裂。螺栓松动问题为装配人员螺纹锁固剂涂敷不规范、螺栓紧固力矩不符合要求所致。

2020 年 3 月，某变电站隔离开关在送电过程中未完成合闸操作，经排查发现隔离开关未合闸原因为与机构输出轴配合的有齿套管松脱，导致传动失效。

2020 年 3 月 24 日，某变电站 550kV HGIS 50222 隔离开关内部连接销钉脱落造成传动失效、分闸不到位，导致带电合接地开关故障，引起峨繁线线路差动保护动作。解体检查及原因分析：50222 隔离开关由于厂内装配工艺执行不到位，销钉的紧固力矩及厌氧胶涂覆不足，且紧定螺钉无紧定效果，造成 A 相内部连接销钉脱落、传动失效，分闸时动触头未分开，导致接地开关带电接地。

2020 年 4 月，某变电站隔离开关三相联动传动连杆尼龙齿套顶丝松动，齿轮与尼龙齿套啮合脱离，造成非全相分闸。故障原因为现场装配工艺不良，操作过程连杆发生轴向位移，造成齿轮齿套啮合脱离，传动失效。

2020 年 5 月，某变电站隔离开关动触头绝缘拉杆传动拐臂结构中的销钉及连板脱落，传动失效。故障原因为厂内装配工艺不良，顶丝过短，销钉紧固力矩过小（未按照 48Nm 力矩紧固要求）且未涂防松胶。

2020 年 5 月 1 日，某变电站 550kV GIS 50311 隔离开关相间传动连杆尼龙齿套限位顶丝松动，相间传动失效，非机构相未分开，导致带电合接地开关故障，引起 I 母跳闸。解体检查及原因分析：故障 GIS 采用三相机械联动操作方式。50311 隔离开关由于厂内及现场装配不规范、检查不到位，造成相间传动连杆尼龙齿套限位顶丝松动，操作过程中连杆发生轴向位移，齿轮齿套啮合逐步脱离、传动失效，非机构相（A、B 相）均未分开，导致接地开关发生带电接地。

8.2.31 装配前应对连杆等传动部件进行尺寸复查，避免尺寸错误导致的操作不到位。

【释义】2010 年 5 月 27 日，某变电站 500kV HGIS 隔离开关连杆过短导致合闸不到位和发热故障。隔离开关操动机构在主轴输出已经达到极限的条件下，手动、电动操作均无法使隔离开关触头合闸到位。解体检查，发现机构连杆尺寸调整不正确，连杆长度与图纸要求差距较大，连杆长度较小造成内部动触头行程不足。

2012 年 6 月 23 日，锦屏站进行 500kV GIS Ⅱ母恢复送电操作，50432 隔离开关合闸时，500kV Ⅱ母母差保护动作，跳开 5023 断路器，500kV Ⅱ母停运。检查 504327 接地开关 B、C 相未完全分闸到位。故障原因为接地开关操动机构安装在开关本体 A 相，通过连杆传至 B 相后再传至 C 相，由于 A、B 之间的连杆与 B 相机构间插入深度不够，连接不牢，机构动作时连接点脱扣，未能将机构分闸动作完全传导至 B、C 相，造成分闸操作时 A 相连同机构正常动作，B、C 相未完全分闸到位。50432 隔离开关一端与带电Ⅱ母相连，在合 50432 隔离开关过程中通过 504327 接地开关对地放电，造成 50432 隔离开关、504327 接地开关 B、C 相触头烧损。

8.2.32 应加强对液压机构管路的质检，防止管路泄漏造成机构频繁打压，同时应充分验证高压油区在高温下不会由于气泡造成频繁打压。

【释义】2014 年 7 月 25 日，某变电站 500kV GIS 液压机构油管路内气泡导致打压频繁。该类型液压机构低压油箱直接与大气相连，打压过程中部分空气可能随低压油路进入高压油路。整个打压过程中大部分空气可通过液压机构的自动排气装置排出，较少部分可能会进入高压油部位，或者溶解进入高压油内部，正常情况下不影响液压机构正常打压。在温度较高时，高压油区的气体受热体积变大，同时高压油内部溶解的空气析出较多，导致液压机构高压油区受气体影响较大，可能会短时出现频繁打压的情况，经过一段时间后，气体在打压过程中通过排气装置排除后，设备可恢复（正常本次频繁打压发生在 14 时左右，当时环境温度 36℃）。

2019 年 9 月 29 日，祁连站 7624 断路器 C 相液压机构分闸位置内漏及频繁打压，解体检查确认系统清洁度不够，装配前液压零件清洁不到位，残余颗粒物杂质随油液流动到活塞杆耐磨环与工作缸配合位置，划伤零件，导致密封圈受损，从而使得机构分闸位置内漏，频繁打压。

8.2.33　弹簧操动机构分闸保持掣子杠杆组件的装配工艺应严格执行管控手段,在轴承两端加装封盖确保轴承不发生串位,对装配后转轴转动是否顺畅、轴承滚针数量是否齐全（12 根）做详细记录。

【释义】2019 年 3 月 12 日,胶东站 5621 小组滤波器自动切除时,B 相断路器拒分。操动机构解体检查发现机构分闸保持掣子一侧轴承缺少 1 根滚针而另外一侧轴承完好,在合分操作过程中转轴由于高速转动时产生异常径向抖动,转轴产生轴向窜动对一侧轴承端盖产生冲击导致轴承盖破损,在分闸脱扣器杠杆支撑力的作用下转轴卡死无法转动,机构不能分闸;由于分闸回路的辅助开关不能转换,分闸回路持续带电,导致分闸线圈过热烧毁。

8.2.34　出厂试验机械操作过程应对操动机构与分合闸指示连接性能进行严格检查和确认,避免误指示引起的误判断和误操作。

8.2.35　厂内测主回路电阻后对导体插接处进行标记,以便现场安装时检查确认,避免导体插入深度不够。

【释义】2019 年 9 月 19 日,葛洲坝站金属回线转换开关 0030 一侧断口绝缘子炸裂,0030 开关灭弧室爆炸,解体检查发现断路器合闸插入深度不足,断路器合闸未到位,导致触头接触不良,在较大的运行电流下引起持续性发热,触头产生熔融滴流,断路器触头间电弧放电,电弧放电产生大量热量导致灭弧室内 SF_6 气体膨胀,膨胀压力超过瓷套所能承受的压力后导致灭弧室炸裂。

8.2.36　加强继电器和分合闸线圈的抽检,开展线圈阻值、动作电压、动作功率、动作时间、接点电阻及绝缘电阻的测量,防止分合闸线圈等故障导致拒动、误动。

【释义】2014 年 12 月 20 日,某变电站断路器合闸线圈故障导致断路器非全相动作。故障原因:合闸线圈铁芯与金属套间存在杂质,在上次合闸动作后复位过程中卡滞或本次合闸操作动作过程中卡滞,当合闸回路接通后,合闸线圈无法完成合闸动作,造成非全相保护动作,而非全相动作后只启动分闸回路,并未断开合闸回路。合闸回路长时间带电,合闸线圈在发热烧损过程中可能发生短路或阻值下降情况，造成回路电流增大，导致 SHJ 电路板 A 相合闸元件损坏，最终导致合闸线圈及 SHJ 电路板均损坏。

2018 年 6 月 6 日，灵州站投入 7632（BP11/13）小组交流滤波器，7632 断路器 C 相合闸不成功。后续检查发现第二套分闸线圈阀杆存在空行程问题，为进一步检查线圈故障原因，对分闸线圈进行解体检查，解体检查发现该线圈的顶杆和阀座卡滞磨损，内部弹簧无法复位，最终导致分闸油路一直导通，阀口无法完全闭合，当机构处于合闸状态时，高压油通过未封闭严的阀口返回至低压油箱，导致合闸功不足，出现合闸滞后现象；当断路器合闸状态结束后，由于分闸线圈阀口未完全封闭，导致高压油直接流向低压油箱，从而出现自动分闸。

8.2.37 隔离开关型式试验应记录软连接温升并留存红外测温图片。

8.2.38 应严格按规定力矩紧固螺栓防止接触不良。应严格检查并确认限位螺栓可靠安装，避免漏装限位螺栓导致接触不良。应严格检测镀银层厚度，防止接触电阻偏大。应严格执行镀银层防氧化涂层的清理，在检查卡中记录在案，避免接触面残留涂层导致接触电阻偏大。

【释义】 建议制造厂制作专用的触头弹簧检查工装，对触头弹簧进行尺寸、抱紧力或压紧力检查并兼顾预装，防止触头弹簧装配或材质问题导致的接触不良。

2010 年 11 月 8 日，某变电站 220kV GIS 229 断路器 A 相跳闸，重合不成功后转三相跳闸。解体发现 A 相静触头座屏蔽罩下部烧蚀严重，动触头相应部位烧蚀。故障原因为内静触头外圈弹簧装配不到位或弹簧材质不良，导致动触头与静触指接触不良。

2014 年 3 月 23 日，复龙站在年度检修期间发现 5243 断路器串内回路电阻 B 相 700μΩ，C 相 4700μΩ（标准不得大于 130μΩ），同时 5243 断路器 B、C 相合闸断口分合闸波形异常，存在弹跳现象。对 5243 断路器 B、C 相故障间隔解体检查，发现 524317 接地开关与管母加长节相邻的 B、C 相水平盆下方触头和盆式绝缘子均有轻微分离，并且 C 相接触面有轻微过热痕迹。故障原因为下触头中间对位轴突起位置镀银面不均匀，镀银残渣清理不干净，使下触头不能完整的贴住盆式绝缘子，在缝隙位置形成过热点。

8.2.39 产品运输包装时应做好各类辅件的盘查清点，并对运输过程中各类辅件的运输固定，现场安装时做好清点，防止遗留在产品内。

【释义】2019 年 6 月 19 日，扎鲁特站 5615 断路器 A 相内部放电，导致大组母线差动保护 A 相跳闸、小组滤波器差流速断保护 A 相跳闸、小组滤波器差流速断保护 A 相跳闸动作、小组滤波器过流保护 A 相跳闸均动作。故障原因为断路器 T1 侧套管运输用的干燥剂、轧带以及气泡膜由于长途运输从套管根部滑入套管内部，现场未取出而留在了套管内部。在重力、断路器操作震动以及气流的冲击下，干燥剂、轧带以及气泡膜逐步滑到屏蔽罩与导电杆之间场强高的区域，引起 T1 侧导电杆对屏蔽罩以及相应的套管内壁的放电，造成导电杆、屏蔽罩及套管内相应部位的烧蚀，造成断路器电场畸变，使断路器闪络放电，进而发展成短路绝缘故障，最终导致断路器跳闸。

8.2.40 加强运输过程中的防振、加速度监测及对产品的保护，避免运输振动超标导致设备受损。

【释义】2009 年 4 月 3 日，某变电站 220kV GIS 发生一只支撑绝缘子断裂和一只盆式绝缘子开裂（见图 8–10、图 8–11），分析认为是运输中振动严重或撞击导致。

图 8–10　断裂的支撑绝缘子　　　　图 8–11　开裂的盆式绝缘子

8.2.41 运输和存储时气室内应保持 0.02～0.05MPa 的微正压，并避免气室内受潮。

【释义】2018 年 4 月 16 日，昌吉站安装现场，发现五彩湾 001A 相、五彩湾 002C 相、滤波场方式二 010 单元 C 相、滤波场方式一 004 单元 C 相共 4 相断路器氮气泄漏。后续检查分析确认运输包装盖板密封不严，密封区域变形造成氮气泄露，导致断路器受潮。

8.2.42 伸缩节两侧法兰端面平面度公差应不大于 0.2mm，密封平面的平面度公差应不大于 0.1mm，伸缩节两侧法兰端面对于波纹管本体轴线的垂直度公差应不大于 0.5mm。

8.2.43 GIS 伸缩节中的波纹管本体不允许有环向焊接头，所有焊接缝要修整平滑；伸缩节中波纹管若为多层式，纵向焊接接头应沿圆周方向均匀错开；多层波纹管直边端部应采用熔融焊，使端口各层熔为整体；伸缩节中的直焊缝应进行 100% 的 X 射线探伤，环向焊缝应进行 100% 着色检查，缺陷等级应不低于 JB/T 4730.5 规定的 I 级。

8.2.44 爆破片安全动作值应不小于规定动作值；不可恢复型的压力释放装置出厂时应进行抽检，每批次 10%，并提供检测报告。

8.2.45 制造厂应对断路器、隔离/接地开关触头、导体镀银层进行检测，按批次开展 X 射线荧光法厚度检测，并提供检测报告。

8.2.46 盆式绝缘子开展抽样试验。每个工程至少抽样三支隔板型盆式绝缘子进行水压破坏试验，考核产品批量质量稳定性，试验方法参考 GB 7674；对每批次的随炉样块进行密度和玻璃化温度检查，确认产品工艺和性能，应满足制造厂工艺文件和相关标准的要求。如在抽检过程中发现不符合要求的情况，建议扩大检测比例。1000kV GIS 用盆式绝缘子应按照 Q/GDW 11128 的要求开展抽样试验。

8.2.47 在断路器生产装配过程中，需开展机构配合尺寸检查、机械特性测试、分合闸时间和速度测试、行程曲线测试，杜绝断路器机构水平连杆调整螺丝松动，防止触头对中不良引起断路器合闸不到位问题。

【释义】2019 年 9 月 19 日，葛洲坝站 MRTB 断路器出现合闸不到位，一侧断口绝缘子已炸裂，附近设备及支柱绝缘子严重受损。该断路器为西安西电高压开关有限责任公司生产，检查发现该断路器两个断口灭弧室底部金属拉杆外露部分尺寸明显不一致（见图 8-12～图 8-14）。合闸插入深度不足，断路器合闸未到位导致触头接触不良，在较大的运行电流下持续性发热后放电导致灭弧室炸裂。

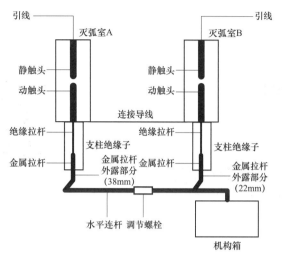

图 8-12 双断口灭弧室示意图

图 8-13 断口 1 拉杆尺寸

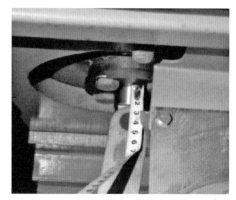

图 8-14 断口 2 拉杆尺寸

8.2.48 瓷空心支柱绝缘子应无裂缝、夹杂缺陷，出厂时应逐支进行超声纵波探伤检测，并提供检测报告。

8.2.49 每个封闭压力系统或气室允许的相对年漏气率应不大于 0.5%。

8.2.50 严寒地区液压弹簧机构电机齿轮应考虑耐严寒措施，避免破损。

【释义】天山、昌吉等寒冷地区冬季多次报出电机打压超时，检查发现为液压弹簧机构电机齿轮材质为塑料（见图 8-15），冬季脆化后破损，因此结合年检将聚甲醛齿轮更换为合金齿轮（见图 8-16）。

图 8-15　塑料齿轮

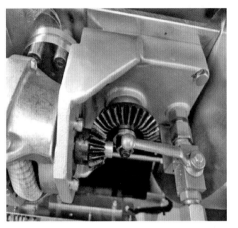

图 8-16　合金齿轮

8.2.51　交直流开关场按照"能配尽配"原则足额配置机械联锁、电气联锁和软件联锁，防止意外原因导致带电合闸。

【释义】2020 年 10 月 15 日，高岭站在断开状态的 50331 断路器 B 相刀闸非正常合闸，造成 B 相接地，绥高 2 号线双套线路保护动作，5032 断路器跳闸。现场检查接地开关联锁板与隔离开关凸轮板之间操作过程中存在摩擦导致固定联锁板的顶丝松动，接地开关联锁板与传动轴动作不同步，未能闭锁隔离开关，另外 50331 隔离开关无电气闭锁功能，多重技术措施失效导致未能防止 50331 隔离开关误合闸。

8.2.52　直流场刀闸刀头接触处，应考虑防止鸟类筑巢的措施。

8.2.53　针对采用新技术、新工艺的 1100kV、550kV GIS/HGIS，应经充分论证及挂网试验后方可投入换流站运行。

8.3　基建安装阶段

8.3.1　现场安装工作应在无风沙、无雨雪、空气相对湿度小于 70% 的条件下进行，并采取防尘、防潮措施。GIS 室外安装应采用可移动防尘棚或移动厂房，750kV 及以上 GIS 现场安装时采用移动厂房,并监测装配环境温度、湿度和降尘量等,保持环境洁净。GIS 室内安装应在场地洒水清洁并揩净,待空气静止 48h 后方可开始施工,安装时户内门窗应关闭或封堵。

【释义】2012 年 12 月 21 日,某变电站 50432 隔离开关 A 相气室发生套管导电杆对底座罐壁放电,导致 500kV 2 号母线两套母差保护动作。故障原因为套管与底座在现场安装时,可能产生微小的金属性杂质或微粒,积聚在导电杆孔与底部触指座附近,加之孔附近电场较集中,从而产生放电。金属杂质在孔附近造成对外壳放电,放电后杂质因故障烧毁未留下痕迹,放电过程中电弧向上移动,弧光熏黑了内屏蔽放电点附近的支撑绝缘子和罐体的上沿。

8.3.2　合理确定隔离开关软连接螺栓的紧固力矩,加强接触压力,将普通螺栓更换为防松螺栓。在接触面涂覆适量的导电脂,保证搭接面内部无空隙。连接处四周及紧固螺栓处涂覆防水胶,防止水分、空气及其他有害物质进入。

8.3.3　应严格执行 GIS 罐体内部清理的工艺要求。制定罐体内部清理和检查的工艺文件并严格执行,清理彻底,不留死角。

【释义】2019 年 6 月 19 日,扎鲁特站 5615 交流滤波器差流速断保护 A 相跳闸。发现断路器 GIS 罐体内的吸附剂未拆出,断路器长期运行下多次操作、开断都伴有振动、气流场变化及高温情况,大量吸附剂颗粒脱落到罐体内部,造成断路器电场畸变,使断路器闪络放电,进而发展成短路绝缘故障。

8.3.4　加强现场充气管的清洁和保管,避免充气管与气口间摩擦产生异物。

8.3.5　应避免吊装时盆式绝缘子受到磕碰,法兰对接时,应采用定位杆先导的方式,并且采用力矩扳手对称均衡紧固法兰对接面螺栓,避免受力不均导致盆式绝缘子开裂。

【释义】2011 年 6 月 4 日,某变电站 220kV HGIS TA 与隔离开关间盆式绝缘子异常受力产生裂纹导致放电(见图 8-17、图 8-18)。

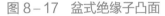

图 8-17 盆式绝缘子凸面

图 8-18 盆式绝缘子凹面

8.3.6 安装时应检查并确认爆破片是否受外力损伤，避免运行中漏气。

【释义】2014 年 2 月 13 日，某变电站 1000kV TA 气室（B23）SF_6 气体压力偏低并呈下降趋势，由运行时的 0.38MPa 下降至 0.34MPa（该气室额定压力为 0.36MPa）。红外检漏发现爆破片上存在一处均匀孔状渗漏点，爆破片凹面（此面朝向喷口处）在该漏点处有明显的机械损伤痕迹且呈黑色腐蚀状。

8.3.7 严格按照伸缩节配置设计方案进行安装，区分安装伸缩节和补偿伸缩节，避免紧固错误导致伸缩节失效引起盆子拉裂漏气以及罐体与支架焊接部位开裂等情况。

【释义】2008 年 12 月 4 日，某变电站 750kV GIS 伸缩节预压力设计失当导致母线筒漏气。兰州地区夏季和冬季温差较大，该段母线在夏季安装，时至冬季，伸缩节长度变化较小，未能达到温度补偿效果的原因。造成母线应力增大，母线端头罐体变形漏气。

8.3.8 断路器、隔离开关等主通流回路金属接头安装时，搭接处需打磨平滑，不要留有过大缝隙，使用优质导电膏，涂抹导电膏采用薄涂工艺，不宜使用过多。

【释义】2016 年 12 月 5 日，某变电站 4 号主变 11071 闸刀 ABC 三相靠近汇流母线侧触头红外测温 A 相 34.4℃，B 相 72.2℃，C 相 35.7℃，相间最大温差 37.8K。停电后检查发现金属搭接面打磨不够光滑平整，两个接触面直接存在更多更大的缝隙。使用过多的导电膏，造成导电膏干枯。

8.3.9 新建工程设备安装时应对断路器、隔离开关主通流回路接头逐一建立档案，严格管控接头打磨和导电膏涂抹工艺，接头安装完毕后应进行直阻测量和力矩检查并作为初始值存档，螺栓紧固到位后画线标记。

8.3.10 制造厂对 GIS 主回路电阻测试后对导体插接处进行标记，现场安装时应检查确认，避免导体插入深度不够。

【释义】2008 年 10 月 18 日，某变电站 220kV GIS 主母线导体的插入深度不够导致接地故障。由于现场安装主母线导体的插入深度不够，带电运行后，主母线导体产生位移，盆式绝缘子侧导体插入梅花触头深度增加，造成一端导体与梅花触指（紫铜板 T2-Y）分离，而与导向杆（圆钢 35CrMo）构成导电回路，导向杆材料 35CrMo 钢电阻率很大，而且这种连接方式接触面积很小，接触又不可靠，带电后温升不断增加，长时间高温使导体端部、梅花触指烧熔，金属杂质向下滑落到罐体底部，最终造成 B 相瞬时接地故障，并因分解物、金属蒸气的喷溅发展为三相接地故障。

8.3.11 六氟化硫开关设备现场安装过程中，在进行抽真空处理时，应采用出口带有电磁阀的真空处理设备，且在使用前应检查电磁阀动作可靠，防止抽真空设备意外断电造成真空泵油倒灌进入设备内部。并且在真空处理结束后应检查抽真空管的滤芯有无油渍。为防止真空度计水银倒灌进入设备中，禁止使用麦氏真空计。

8.3.12 GIS 母线 TV 在安装过程中，壳体连接法兰处的固定螺栓要紧固牢靠，并与壳体要有效接触，避免振动导致 TV 内部故障。

【释义】2017 年 1 月 10 日，某变电站 500kV Ⅱ 母线母差动作，现场检查 TV 气室外壳有放电痕迹，壳体连接法兰处的固定螺栓与壳体未有效接触，开关多次动作导致 TV 振动，异物从上方掉落附着于绝缘子表面，导致电场畸变发生局部放电并引发闪络，短路电流从绝缘子与一次绕组连接线间、法兰与螺栓间流过，导致连接线被烧断、法兰被烧蚀，熔融物从螺栓处喷出，同时将 TV 内部的绕组表面熏黑。

8.3.13 断路器、隔离开关现场应进行 30 次传动操作后再进行交接试验。

8.3.14 500kV 及以上等级 GIS 新建工程现场交接耐压试验时，在 SF_6 气体额定压力时，分、合闸状态下分别进行；施加 100%额定工频耐受电压 1min。耐压前按要求开展老炼试验，老炼试验后开展交流耐压试验。

8.3.15 GIS 设备区域地基施工应分层回填碾压，非黏性土宜采用振动压实法，分层铺填厚度、每层压实遍数宜通过现场试验确定，施工过程中，应分层取样检验干密度和含水量，未经验收或验收不合格的，不得进行下一道工序施工，监理单位应严格检查并做好记录。

8.3.16 GIS 设备基础回填土施工时，细粒土应控制含水率为最佳含水率，在压实砂砾时可充分洒水使土料饱和，如洒水后未及时碾压，碾压前应再次洒水。

【释义】某变电站 2017 年 6 月竣工投运后，回填区场地及设备基础发生大规模沉降超限问题。配电装置区场地不同程度下沉，导致部分构支架保护帽贴近地面处裂开（见图 8-19），出现较大缝隙，场地下沉也给场区排水带来困难。

粗粒土在完全干燥状态和充分洒水饱和状态容易压实到较大干密度，潮湿状态压实干密度会显著降低。

图 8-19　保护帽裂缝

8.3.17 GIS 设备区域地基夯实处理应严格执行工艺要求，严格控制设备基础沉降；合理设置 GIS 设备基础伸缩缝，防止出现贯穿性裂缝。

【释义】某 750kV 开关站 750kV GIS 设备地基基础伸缩缝宽度达到 40mm（设计值为 30mm），该伸缩缝变化量即将达到上方 GIS 伸缩节温度补偿模块最大补偿量（±13mm）。原因主要为地基夯实不足、GIS 基础施工质量不高、伸缩缝留置设计不合理（见图 8-20、图 8-21）。应加强设计图纸技术监督，严格按照相关设计及验收规范审核施工图纸，并加强施工过程质量控制。

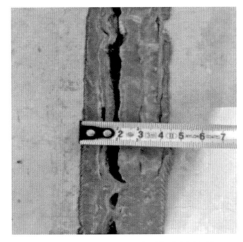

图 8-20　GIS 设备基础伸缩缝

图 8-21　GIS 设备基础伸缩缝

8.3.18　直流场转换开关并联避雷器验收过程中，加强各支避雷器上、下端位置检查，避免出现安装顺序颠倒。

8.4　调试验收阶段

8.4.1　应检查直流转换开关元件电容、电感、试验技术参数符合技术规范和技术要求。

8.4.2　应检查满负荷情况下转换开关功能正常，留存故障录波。

8.4.3　应进行满负荷投切换流器试验，检验旁路开关性能，检查旁路开关电流波形正常。

8.4.4　主回路断路器、隔离开关设备应经过大负荷和过负荷试验检查，留存现场试验红外测温图片。

8.4.5 500kV 及以上等级 GIS 交接试验时，应在交流耐压试验的同时进行局放检测，交流耐压值应为出厂值的 100%。

8.4.6 断路器、隔离开关现场应带电进行 3 次传动试验。

8.4.7 加强断路器合闸电阻的检测和试验，防止断路器合闸电阻缺陷引发故障。在交接试验中，应对断路器主触头与合闸电阻触头的时间配合关系进行测试。

8.5 运维检修阶段

8.5.1 对发生过喷口绝缘击穿或压气缸外表磨损严重等故障的交流滤波器断路器，应分析故障原因并适度缩短检修周期。

> 【释义】对多个厂家的交流滤波器断路器进行抽检解体检查，发现部分厂家的断路器灭弧室喷口绝缘击穿，已严重影响断路器灭弧性能，或压气缸外表磨损严重、金属微粒较多，需缩减检修周期。

8.5.2 年度检修期由厂家协助检查产品的分合闸弹簧预压量并提供判断标准，防止弹簧储能不够发生机械故障。年度检修期间对轴和接头的装配情况进行检查，如果闭锁盘与机械闭锁杆相互顶死已无间隙（间隙标准为大于 2mm），禁止开展操作及试验。

8.5.3 换流站投运后 3 年内定期开展直流场设备基础偏移进行测量，及时发现基础沉降问题并调整处理。

8.5.4 应在出厂及 A、B 类检修后，逐台断路器进行机械特性测试，机械行程特性曲线应在 GB1984 规定的包络线范围内。

> 【释义】2013 年 9 月 27 日，某变电站 220kV GIS 断路器操动机构缺陷导致合闸不到位。故障原因为：合闸弹簧储能不足；凸轮与拐臂轮之间的间距过小。由于供货紧急等原因，出厂前实际上并没有进行机械特性试验，而由弹簧螺栓露出的丝扣数据区间值及此区间内的经验数据作调试合格的计量标准，并出具了试验合格报告。

8.5.5 投切次数达到 1000 次的电容器组连同其断路器应及时进行检查试验,对设备状态进行评估。

8.5.6 巡视中应加强分合闸缓冲器检查,避免其漏油等缺陷造成合分闸操作时设备损坏或机械特性不良。

8.5.7 应加强自然环境复杂的户外 GIS 伸缩节变形量的监测。对于特殊区域(昼夜温差大、地质结构较松、地震频繁),应加强户外 GIS 伸缩节变形量的监测工作。用于轴向补偿的伸缩节应配备伸缩量计量尺,将监测工作纳入正常的设备运维管理范畴中。

8.5.8 应加强监视合分闸指示器与绝缘拉杆相连的运动部件相对位置有无变化,防止由于指示错误引发误操作。

8.5.9 应加强辅助开关的检查维护,防止由于接点腐蚀、松动变位、接点转换不灵活、切换不可靠等原因造成开关设备拒动。

8.5.10 同一 GIS 设备间隔汇控柜内隔离开关的电机电源空气开关应独立设置;同一 GIS 设备间隔汇控柜的"远方/就地"切换钥匙与"解锁/联锁"切换为同一把钥匙的,宜采用更换锁芯的方式进行整改。

8.5.11 对隔离开关分合闸位置进行划线标识。在倒闸操作过程中应严格执行隔离开关分合闸位置核对工作的要求,通过"机构箱分/合闸指示牌、汇控箱位置指示灯、后台监控机的位置指示、现场位置划线标识确认",明确隔离开关分合闸状态。

8.5.12 通过检查录波装置和雷电定位系统,判断断路器分断 300ms 内电流波形和周边落雷情况,确认断路器遭受连续雷击且断口击穿后,应尽量避免对该断路器进行操作,且无论是否重合闸成功,均应尽快泄压并进行解体检查。

8.5.13 配置 HPL550B2 瓷柱式断路器的换流站在大修前提前通过一体化平台分析压力变化趋势,并通过泄漏成像检测是否存在漏点,如果存在泄漏情况,及时更换密封圈、盖板等材料。

【释义】奉贤、苏州两站多次发现直流场旁通断路器轻微渗漏(ABB 公司,HPL550B2)。2019 年检修期间,奉贤站发现 8021 开关机构支柱与支撑瓷瓶密封处的密封圈有损坏部位,更换密封圈后恢复正常,2020 年检修发现 8011 断路器灭弧室东侧 T 区封板处有轻微渗漏;2020 年检修期间,苏州站发现 T 断口同绝缘支柱的连接法兰接触面存在轻微漏气，更换绝缘支柱和 T 断口的接触面密封圈，同时更换上气室盖板密封圈，防爆膜处密封圈后恢复正常。

8.5.14 大修期间对直流场隔离开关/接地开关分合位置信号通过后台进行核对，如有分合闸到位后信号出现丢失的情况，应对开关一次、二次配合进行调整。

【释义】2020 年，鹅城站极 I 极控制保护重启后，发现双极中性母线差动电流 2900A，排查发现直流场双极中性线区域 00401 隔离开关一次状态到位，辅助触点合闸信号丢失，现场检查发现隔离开关在合闸到位后发生反弹，导致辅助开关在正确切换产生合闸位置信号后，因机构反弹造成辅助开关出现回弹断开合闸位置触点，使合闸位置信号电压丢失。

8.5.15 年度检修期间应进行罐式断路器防慢分装置插销检查，针对 GIS 隔离开关/接地开关传动内外部连接部件检查。

【释义】2020 年度检修期间，天山站检查发现滤波器场罐式断路器（新东北）防慢分装置插销未安装，防慢分功能未投入，重新安装插销后测试防慢分功能正常。

天山站对 GIS（西开公司）开展传动部件专项检查，发现 503167 接地开关 A 相机械指示不到位，当接地开关操作到合位时机械指示仍显示分位，检查发现机械指示传动轴连接螺栓松动，紧固连接后恢复正常（见图 8-22）。

图 8-22　503167 接地开关分合指示不到位缺陷消除（一）

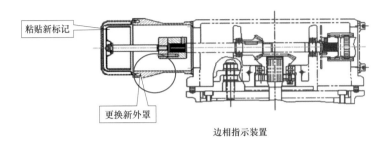

图 8-22 503167 接地开关分合指示不到位缺陷消除（二）

8.5.16 交直流开关设备检修期间，应同时断开控制电源和操作电源开关，防止意外原因导致开关设备误合闸。

【释义】2020 年 10 月 15 日，高岭站在断开状态的 50331 断路器 B 相刀闸非正常合闸，造成 B 相接地，绥高 2 号线双套线路保护动作，5032 断路器跳闸。检查相关工作票、操作票，发现高岭站沿袭历史习惯将断开 50331 隔离开关电机电源、二次空开等安全措施列入工作票（没有列入操作票）。工作许可过程中运行人员与检修人员逐项核对后断开，事件发生时工作票尚未许可，电机电源还处于合闸位置。

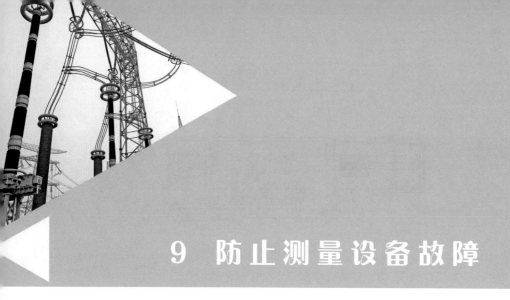

9 防止测量设备故障

9.1 规划设计阶段

9.1.1 极母线、中性母线直流分压器应布置于平波电抗器外侧，准确测量直流系统动态电压。

9.1.2 除电容器不平衡 TA、滤波器电阻/电抗支路 TA 以及直流滤波器低压端测量总电流的 TA，保护用 TA 应根据相关要求选用 P 级或 TP 级，避免保护误动。

> 【释义】葛洲坝站因 TA 选型错误，导致保护误动作。葛洲坝换流变压器阀侧套管 TA 二次绕组仅一个 TPY 次级，其他绕组均为测量级。两套换流变压器保护接入 TPY 次级，两套直流保护接入了 0.5FS 次级。2006 年 6 月 21 日发生区外故障时，极Ⅰ和极Ⅱ换流变压器套管 0.5FS 次级 TA 饱和，换流阀 D 桥差保护 4 段动作，双极停运。

9.1.3 在快速的差动保护中应使用相同暂态特性的电流互感器，避免因电流互感器暂态特性不同造成保护误动。

> 【释义】2017 年 9 月 15 日，广固站小组滤波器首端、尾端 TA 暂态特性不一致导致差动保护动作。原因为首端 TA 为空心线圈，尾端 TA 为 5P40 的光 TA，首端 TA 充电电流变化较快导致线圈输出电压较高，超过了电阻盒限幅元件电压，导致保护电流不能真实反应实际电流。

2008 年 8 月 13 日，葛洲坝站 TA 暂态特性不一致导致 D 桥差动保护动作。原因为单相故障后双极换流变压器 FS 型 TA 传变特性变差，与其他两相比较电流发生畸变（见图 9-1）。暴露出设计时 TA 选型时未充分考虑 TA 的暂态特性。

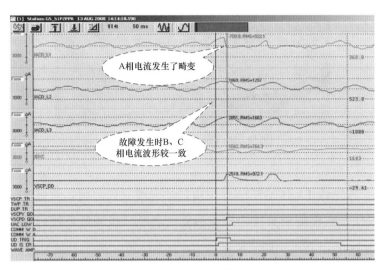

图 9-1　各相电流波形

9.1.4　站内接地回路电流互感器（IDGND）的测量范围应大于 NBGS 开关的最大通流能力。

【释义】2013 年 3 月 5 日，龙泉站因极 Ⅱ 用于测量双极中性区域冲击避雷器泄漏电流的 PS862XP 板卡故障导致极 Ⅱ 双极中性线差动保护动作闭锁极 Ⅱ，并闭合 NBGS 开关；极 Ⅱ 闭锁后，极 Ⅰ 转带极 Ⅱ 功率，此时站内临时接地 NBGS 开关闭合，极 Ⅰ 直流电流同时流过接地极线路和 NBGS 开关，因流过 NBGS 开关的电流超过站内接地电流互感器（IDNGND）的测量范围，双极中性差动保护动作导致极 Ⅰ 闭锁。

9.1.5　互感器测量回路的配置应能够满足直流控制、保护设备对回路冗余配置的要求。冗余控制或保护系统的测量回路应完全独立，不得共用。

【释义】宜宾站直流保护为三套经三取二逻辑出口，斯尼汶特提供的直流光 TA 就地接线盒到控制保护系统仅有两根光缆（见图 9-2），一根光缆故障可能导致两套保护动作，不满足保护三重化配置要求。

图 9-2　光 TA 接线盒引线

9.1.6　光 TA、零磁通 TA 传输环节存在接口单元或接口屏时，双极电流信号不得共用一个接口模块，双极测量系统应完全独立，避免一极测量系统异常，影响另外一极运行。

9.1.7　测量回路应具备完善的自检功能，当测量回路异常时，应能够产生报警信号送至控制保护装置。

【释义】2010 年 12 月 19 日，灵宝站直流分压器二次模块故障，因自检功能不完善无报警信号输出，未闭锁直流低电压保护。

9.1.8　光 TA、零磁通 TA、直流分压器等设备测量传输环节中电子单元、合并单元、模拟量输出模块等，应由两路独立电源供电，且两路电源应取自由不同蓄电池组供电的直流母线段，每路电源具有监视功能。

【释义】2009 年 8 月 12 日，葛洲坝站中性线电压测量装置隔离放大器电源失电导致双极闭锁，经排查该装置采用单电源供电，电源失电后导致电压测量异常。

斯尼汶特直流光 TA 合并单元虽然有两块电源板供电（见图 9-3），但其中一块用于激光发射板激光模块供电，另一块用于 CPU 模块及通信模块供电，两路电源无物理上的联系，均为单一电源供电模式，单一电源模块断电会造成单套保护故障退出和控制系统的严重故障或紧急故障。

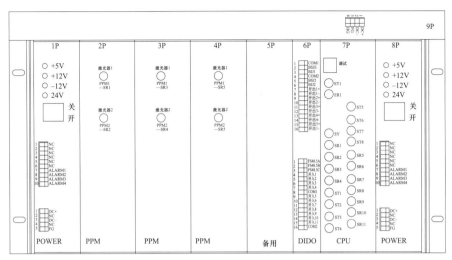

图 9-3　合并单元结构示意图

9.1.9　直流分压器对应各冗余控保系统的二次测量板卡应独立设计且相互隔离，单一模块或单一回路故障不应导致保护误出口或测量异常。

【释义】直流分压器电压测量板并联在同一回路，更换测量板卡时将导致其他测量屏直流电压 UDL、UDN 测量异常。

斯尼汶特直流电压测量回路由本体经单一回路至测控系统，分别并接至其他系统，且在柜内的短接片在端子排内部，存在单一端子排划开或故障时两系统失去电压闭锁直流的风险。

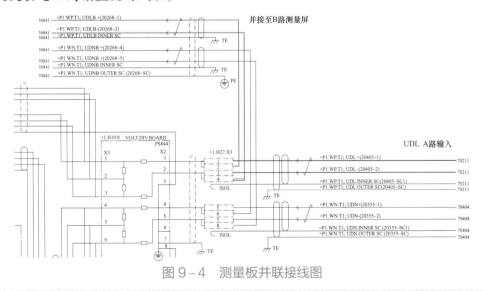

图 9-4　测量板并联接线图

9.1.10 光 TA、光纤传输的直流分压器应配置冗余远端模块或传感光纤，并应做好远端模块至控制楼接口屏的光纤连接。

【释义】光 TA 应配置冗余远端模块且做好光纤连接至控制楼接口屏柜，当发生通道故障进行更换时可不停运直流，在合并单元或直流保护主机处切换光纤通道。对于纯光纤 TA，应配置冗余的传感光纤，可在纯光纤 TA 内的传感光纤故障时，不停电切换光纤通道。

9.1.11 光 TA（不含纯光 TA）、光纤传输的直流分压器二次回路应配置充足、可用的备用光纤，备用光纤一般不低于在用光纤数量的 100%，且不得少于 3 根，防止由于备用光纤数量不足导致测量系统不可用。

9.1.12 电子式光 TA 电阻盒测量回路、远端模块输入端口，零磁通 TA 二次端子应避免采用压敏电阻、气体放电管等限压元件，避免由于器件故障短路后导致保护误动或控制系统故障。

【释义】2020 年 12 月 13 日，宾金直流金华站极 I 低端换流器三套差动保护动作，极 I 低端换流器强迫停运，现场检查发现电子式光 TA 测量回路公共端电阻盒内部压敏电阻性能劣化导致短时击穿阻值到零，引起保护误动。

9.1.13 零磁通 TA 电子模块饱和、失电报警信号应接入直流控制保护系统，报警后应能及时闭锁相关保护，避免保护误动。

【释义】2013 年 1 月 14 日，穆家站零磁通 TA 电子模块故障导致极 I 闭锁，原因为零磁通 TA 电子模块异常时，硬接点告警信号，先经过 BFT 屏 RS852 板卡采集，通过 CAN 送入 PPR 主机。传输延时过长，保护未能及时收到告警信号，闭锁相关保护，导致过流保护误动作。

2018 年 7 月 19 日，柴达木站零磁通本体异常导致极 II 闭锁，检查发现零磁通 TA 磁饱和信号延时时间长于中性线差动保护动作时间，未能在零磁通 TA 发出磁饱和告警信号时及时闭锁中性线差动保护，造成直流单极闭锁。

9.1.14　测量装置或其程序重启后应预留足够时间保证电流测量值达到正常值后,再输出装置工作正常信号至控制保护系统,防止重启过程中测量值错误引起保护误动。

【释义】2020 年 7 月 17 日,复龙站交流滤波器光 TA 合并单元 main 程序自动重启,初始化过程中,光 TA 电流测量值、数据奇偶校验值均初始化为 0(0 表示数据正常),交流滤波器保护主机紧急故障复归,母线差动电流达到定值,延时 3s 保护出口,故障暴露出重启过程中光 TA 主机数据奇偶校验值未能有效避免光 TA 输出异常电流。

9.1.15　测量装置瞬时故障复归后,装置应保证其测量值恢复正常值后,再输出装置工作正常信号至控制保护系统,防止测量值错误导致控制保护系统误动作。

9.1.16　直流光 TA 的测量异常检测功能启动门槛值设置应满足最低运行电流要求。

【释义】2017 年 10 月 6~9 日,苏州站由于光 TA IDC1P 测量异常引发多次换相失败。由于光 TA 测量值大于门槛值 4096A 时才启动测量异常检测功能,测量值小于 4096A 时测量异常检测功能不启动,后将门槛值修改至最低运行电流,换流器投运即启动测量异常检测功能。

9.1.17　光 TA 的告警信息应接入直流控制保护系统,光功率、温度、接收数据电平等状态量信息应送至运行人员监控系统。

9.1.18　光 TA、光纤传输的直流分压器传输回路应选用可靠的光纤耦合器,户外采集单元接线盒应满足 IP67 防护等级,且有防止接线盒摆动的措施。采集单元应满足安装地点极端运行温度要求和抗电磁干扰要求。

【释义】2008 年 1 月 1 日,南桥站极Ⅰ直流分压器端子箱受潮导致直流闭锁。

9.1.19　纯光 TA 光源板卡电源端子宜采用焊接连接方式,调制电缆、温度信号电缆上应增加电磁屏蔽措施。纯光 TA 光纤宜敷设在电缆沟内,低温地区应避免长距离穿管或直埋,并采取防积水、冰冻措施。

【释义】2018 年 11 月，锡盟站所在地区环境温度大幅下降，最低降至 -30℃，11 月 27 日开始锡盟站频繁出现光 TA 故障告警。检查发现光 TA 光纤穿线管内结冰严重，对光纤造成损伤。

9.1.20　互感器端子箱进线孔、穿管孔应有保护、固定措施，端子箱内电缆（尾缆）应留有足够裕度，防止由于沉降等引起电缆（尾缆）下移后被进线孔边缘划伤。

9.1.21　电流互感器、电压互感器等设备基础底座应高于站址所在地区的最高降雪厚度，避免设备底部被积雪覆盖。

9.1.22　光 TA 连接导线和金具设计应避免在地震、大风等恶劣条件下，摆动超过限值，造成搭接短路。

【释义】2008 年 5 月 12 日，江陵站因地震导致双极阀差动保护误动作，经分析由于阀厅光 TA 与阀塔管母采用软连接，地震期间管母晃动，连接线与光 TA 均压环触碰产生分流，导致光 TA 测量异常。

9.1.23　纯光 TA 户外调制箱应满足 IP67 防护等级，并采取相应的驱潮措施，避免调制箱受潮后输出异常电流。

【释义】2020 年 12 月 3 日 -2021 年 2 月 3 日，淮安站发生 3 起光 TA 调制箱进水故障，单套直流保护退出，造成单换流器临停消缺。

9.1.24　滤波器光 TA 的就地测量端子箱应布置在围栏外，便于开展检修维护工作。

9.2　采购制造阶段

9.2.1　直流分压器应具有二次回路防雷功能，如采取在保护间隙回路中串联压敏电阻的措施，防止雷击引起放电间隙动作时导致直流闭锁。

【释义】2015 年 9 月 19 日，锦屏站近区雷击导致站内地网电压抬高，同时造成极Ⅰ、极Ⅱ直流分压器二次分压板保护间隙击穿、未能熄弧，致使直流电压始终无法建立，进而引起直流线路欠压保护动作。因线路故障互相闭锁另一极的再启动逻辑，导致双极同时停运。

9.2.2　测量设备的芯片、光纤、光通信收发模块、插槽需选用成熟可靠品牌，按照降额使用原则选型，并在出厂之前进行老炼筛选，避免元件不可靠导致故障。

9.2.3　直流分压器宜采用光信号传输，若采用电信号传输，应做好隔离放大器选型，确保量程匹配。

9.2.4　SF_6 密度继电器与互感器本体连接方式应满足不拆卸校验密度继电器的要求。

9.2.5　气体绝缘互感器应设置安装时的专用吊点并有明显标识。

9.2.6　CVT 应选用速饱和电抗器型阻尼器，并应在出厂时进行铁磁谐振试验；二次引线端子和末屏引出线端子应有防转动措施；中间变压器高压侧对地不应装设氧化锌避雷器。

【释义】2020 年 7 月 11 日，扎鲁特站因换流变压器进线 CVT 二次回路绝缘降低，在极短的时间内被激发出两次铁磁谐振，造成交流电压大量值迅速上升，导致极Ⅰ低端换流器闭锁。

9.2.7　气体绝缘互感器的防爆装置应采用防止积水、冻胀的结构，防爆膜应采用抗老化、耐锈蚀的材料。

9.2.8　气体绝缘互感器应满足卧倒运输的要求，运输过程中每台互感器应安装带时标的三维冲击记录仪。到达目的地后检查振动记录装置的记录，若记录数值超过 $10g$ 一次或 $10g$ 振动子落下，应返厂解体检查。

9.2.9　气体绝缘互感器运输时所充气压应严格控制在微正压状态。

9.2.10　光 TA 分流器、电阻盒、远端模块之间连接端子、导线应具备有效的防氧化措施，并采用可靠的屏蔽措施。

9.2.11　纯光 TA 传感光纤环、保偏光纤、调制模块应采取有效的抗振措施，产品型式试验报告中应包括一次部件和二次部件的振动试验，避免纯光 TA 因外界振动输出异常电流。

【释义】2020 年 12 月 31 日，德阳站光 TA 调制箱抗振动能力差，外界振动引起测量电流突变，导致极 I 011LB 直流滤波器第二套差动保护动作，闭锁直流。

9.2.12 纯光 TA 传感光纤环、保偏光纤、调制模块应采取有效的抗高低温措施，产品型式试验报告中应包括一次部件和二次部件的温度循环试验，避免纯光 TA 在高低温下输出异常。

【释义】2021 年 1 月 7 日，锡盟站光 TA 在极寒天气下测量异常，导致极 II 双换流器和极 I 高端换流器闭锁。

9.3 基建安装阶段

9.3.1 测量设备的二次装置安装应在控制室、继电器室土建施工结束且通过联合验收后进行，防止装置及光纤端面受污染影响其长期稳定运行。

【释义】2020 年 4 月 25 日，昌吉站第一大组不平衡 TA 合并单元 2A 柜 H4 层合并单元 RTU6 激光器驱动电流异常，光 TA 激光器板卡 NR1125 因静电引起激光器失效，原因分析为工程调试期间现场环境灰尘较重，带电颗粒累积产生静电影响激光器长期稳定运行。

9.3.2 电流互感器一次端子承受的机械力不应超过生产厂家规定的允许值，端子的等电位连接应牢固可靠且端子之间应保持足够电气距离，并保证足够的接触面积。

9.3.3 互感器安装时，应将运输中膨胀器限位支架等临时保护措施拆除，并检查顶部排气塞密封情况。

9.3.4 CVT 各节电容器安装时应按出厂编号及上下顺序进行安装，禁止互换。

9.3.5 直流测量设备传输光纤如采用熔接形式连接，应在熔接点配置热缩套管且可靠固定在密封连接盒内。

9.3.6   测量设备的光纤传输回路在光纤连接件插入法兰前，应使用专用清洁器对端面进行深度清洁，防止端面污染引起光纤衰耗增大导致测量系统故障。

9.3.7   布置在户外的互感器本体接线盒应加装防雨罩。

9.3.8   直流分压器均压环的安装位置应合理，避免安装位置过低而导致设备外绝缘有效干弧距离过小。

【释义】2009 年 2 月 26 日，龙泉站极Ⅰ极母线直流分压器闪络导致单极闭锁，经分析为分压器顶部均压环与外绝缘表面的干弧距离过小。

9.3.9   新建直流工程直流场测量光纤应进行严格的质量控制：

（1）现场安装后，光纤衰耗应满足技术规范书或厂家技术文件要求，且衰耗较出厂值的增量不应超过 6dB。

（2）设计阶段需精确计算光纤长度，偏差不应超过 15%，防止余纤盘绕增大衰耗。

（3）光纤施工过程须做好防振、防尘、防水、防折、防压、防拗等措施，避免光纤损伤或污染。

9.4   调试验收阶段

9.4.1   应进行测量设备传输环节各装置、模块断电试验，光纤抽样拔插试验，检验单套设备故障、光纤通道故障时，不会导致控制保护误出口。

【释义】沂南站调试期间试验发现直流分压器用隔离放大器失电后，异常输出峰值为 −3500kV 左右的反向电压，折合到隔离放大器实际输出值为 −21V 左右，衰减时间为 3s 左右。

9.4.2   应开展测量设备精度检查。

【释义】2017 年 8 月 11 日，高岭站单元Ⅱ极控系统 A 华北侧交流直流功率差值出现越限报警信号，I_{d2} 的测量输出误差变大，由于极控系统控制直流功率稳定在 750MW 运行,而实际直流电流与额定值相差较大,导致实际直流功率小于极控系统计算直流功率。

9.5 运维检修阶段

9.5.1 运行中的环氧浇注干式互感器外绝缘如出现裂纹、沿面放电、局部变色、变形,应申请停运。

9.5.2 CVT 电容单元如出现渗漏油,应申请停运。

9.5.3 气体绝缘互感器如出现严重漏气导致压力低于报警值,应申请停运。

9.5.4 电流测量设备本体、二次测量装置、就地接线箱等检修后,应检查确认 TA 极性。

9.5.5 带电投运前应进行测量回路接线端子、光纤紧固检查,防止连接不良。

【释义】2020 年 5 月 20 日,灵州站 7611 SC 因 B 套电流端子轻微松动,受振动后跳闸。

9.5.6 应加强电流互感器和电压互感器末屏接地引线检查、检修及运行维护。

9.5.7 应加强备用测量回路检查、检修及运行维护,确保备用测量回路完好可用。

9.5.8 电磁式电压互感器谐振后(特别是长时间谐振后),应进行励磁特性试验并与初始值比较,其结果应无明显差异。严禁在发生长时间谐振后未经检查就合上断路器将设备重新投入运行。

9.5.9 测量设备备品存放应严格执行设备厂家相关要求。

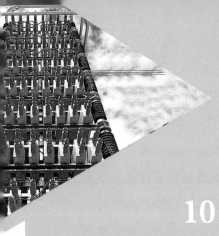

10 防止滤波器及并联 电容故障

10.1 规划设计阶段

10.1.1 交流滤波器（并联电容器）组应按照长期过负荷运行时仍具备一小组冗余进行设计；每种滤波器丢失一组不应导致直流系统功率回降或闭锁。避免出现单一类型交流滤波器全站仅配置一组的情况，防止因单一交流滤波器退出运行造成直流系统功率回降或闭锁。

> 【释义】天中直流天山站仅配置一组 HP3 型交流滤波器，该交流滤波器因故障跳闸或停电检修等原因退出运行时，会造成直流系统输送功率下降。

10.1.2 交流滤波器切除后应设置足够的放电时间，放电后方可再次投入运行，避免电容器带电荷合闸产生较大的冲击电流。

> 【释义】由于交流滤波器中包含大量的电容器，电容器带电荷合闸会产生很大的冲击电流和冲击电压，会直接影响电容器的寿命和安全运行，交流滤波器切除后必须间隔一段时间，使电容器上的剩余电压在这段时间内自额定电压降至 0.1 倍额定电压及以下，以减小对电容器的损害。

10.1.3 交流滤波电容器组串并联结构及绝缘设计应充分考虑电容器对操作过电压的耐受能力，避免电容器损坏。

【释义】2011 年 10 月 18 日，德阳站 5633 交流滤波器投入时低端电容器组两只电容器均被绝缘击穿（见图 10-1、图 10-2）。后将低端电容器组的接线方式改为 2 串 4 并，电容器组极间操作耐受电压水平显著提升。

图 10-1 低端电容器接线图

图 10-2 电容器内部解剖图

2017 年 5 月 27 日，灵州站功率下降切除 7632 交流滤波器时，7612、7632、7642 交流滤波器（均为 BP11/BP13）不平衡保护Ⅲ段和第三大组滤波器母线差动保护先后动作，导致灵州站绝对最小滤波器条件不满足，功率由 4035MW 回降至 1700MW。本次故障原因为 7632 滤波器断路器 C 相在分闸后发生间歇性放电，产生的过电压引起 7612、7632、7642 滤波器电容器塔支柱绝缘子对地放电，造成电容器不平衡保护动作跳闸。

10.1.4 直流滤波电容器宜采用支撑式结构或提高顶部悬式绝缘子的外绝缘性能，防止大雨天气下顶部悬式绝缘子形成雨帘导致外绝缘性能下降，引起最顶层电容器与地电位的绝缘间距变小而击穿导致直流滤波器退出运行。

【释义】2008 年 5 月 3 日，龙泉站出现雷暴雨及龙卷风恶劣天气，由于其直流滤波器采用悬吊式结构，悬式绝缘子顶端连接在接地的构架上，顶层电容器与悬式绝缘子相邻且电容器的一个接头连接在电容器支撑平台上（见图 10-3），顶层悬式绝缘子串被雨水短接后导致顶层电容器与地电位的绝缘间距变小，顶层电容器自身承受的直流电压增大，引起电容器内部击穿，极Ⅱ两组直流滤波器均因此原因退出运行，极Ⅱ强迫停运。

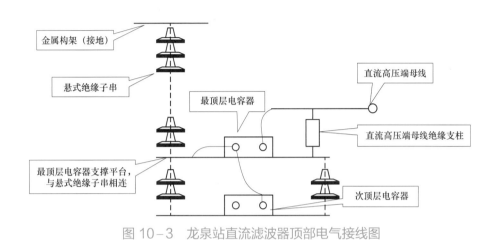

图 10-3　龙泉站直流滤波器顶部电气接线图

10.1.5　交、直流滤波器围栏内地面应进行硬化处理，防止杂草或灌木接触设备导致设备接地放电。

【释义】交、直流滤波器围栏内设备高度较低，围栏内若有杂草或灌木生长，高度接近设备时可能造成接地放电。

10.2　采购制造阶段

10.2.1　电容器套管宜采用滚压一体式结构，可以有效防止套管渗漏油。

【释义】电容器套管采用滚压一体式结构，将盖子和套管合二为一，没有焊缝，提高了密封可靠性，可以有效防止套管渗漏油。

10.2.2　电容器的连接应使用带绝缘护套的多股软连接线，不要使用硬铜棒或铜排连接，防止导线硬度太大造成接触不良，铜棒或铜排发热膨胀导致绝缘子受力损伤。

10.2.3 中性线冲击电容器单元应采用双套管结构。

10.2.4 电阻器应安装防雨罩防止雨水进入，防雨罩顶部应有坡度防止雨水聚集，电阻器风道应通畅。

10.2.5 交直流 PLC 滤波器调谐装置内的电阻器选型应考虑谐波电流造成的电阻发热，正常运行时电阻不应因发热导致损坏。

【释义】2011 年 6 月 27 日，政平站人员巡检发现极 Ⅱ 换流变压器进线区域 PLC 滤波器电抗器内调谐装置下部有起毛现象，红外测温 190℃，18 时左右 C 相电抗器内调谐装置起毛处断裂（见图 10–4）。PLC 滤波器电抗器内调谐装置含有电阻，正常运行时，电阻发热较大且被密封在装置内，不利于散热，长期高温下调谐装置外部绝缘层老化起毛断裂，电阻脱落。

图 10–4　PLC 滤波器电抗内调谐装置断裂

10.2.6 低温环境应采用凝固点温度低、黏度低的液体介质浸渍电容器，防止发生局部放电。

10.2.7 电容器单元选型时应采用内熔丝结构，电容器单元保护应避免同时采用外熔断器和内熔丝保护。

10.2.8 电容器塔的支撑钢梁及等电位线连接处应有防止鸟类筑巢的措施，电容器等电位排、均压环等金属裸露部分以及连接电容器的多股软连接线、接头应进行绝缘化处理并满足设备散热的要求，防止鸟害引起故障跳闸。

【释义】鸟类等异物可能导致电容器之间连接线和接头短路。胶东站交流滤波器多次出现鸟类造成的电容塔层间短路，滤波器电容器不平衡保护动作跳闸。为防止鸟类进入造成电容器组层间短路，电容器接头处应加装防鸟罩，电容器连接线可采用带绝缘护套的 BV 线。

中州站、锦屏站交流滤波器多次出现鸟类造成的电容塔层间短路。为防止鸟类进入造成电容器塔层间短路，在电容器外表面及相关金属部位喷涂氟硅阻燃导热高压绝缘涂料，喷涂后中州站、锦屏站未再发生交流滤波器鸟害跳闸事件。

2017 年 7 月 23 日，雁门关站 5612 BP11/13 交流滤波器不平衡保护动作跳闸，故障原因是 500kV 第一大组第二小组 5612 BP11/13 滤波器 13 分支电容器塔由于鸟害发生放电，导致高压电容器塔上产生较大的不平衡电流，达到了跳闸的定值，故障后保护正确动作，退出了故障滤波器并锁定。要加强滤波器设备运行监视，采取防鸟害措施，夜晚关闭滤波器场地照明，避免虫子招来鸟儿，进一步研究电容器支架绝缘措施。

10.3 基建安装阶段

10.3.1 交直流 PLC 滤波器电容器与调谐装置的连接线应安装绝缘护套，防止连接线与设备支架直接接触，造成短路放电。

【释义】2008 年 4 月 8 日，宜都站极Ⅱ换流变压器进线 PLC B 相电缆（电容器与调谐单元间的连接电缆）与电容器金属支架放电。

10.3.2 电容塔安装完成后，应逐个对电容器接头进行紧固，确保接头和连接导线接触良好，避免运行时发热。

10.3.3 电容器连接线应有足够的硬度，防止连接线因变形、下垂与电容器身、均压环、层架的绝缘距离发生变化，导致连接线与电容器外壳或均压环放电。

【释义】2017 年 7 月 22 日，雁门关站 5642 HP3 交流滤波器 B 相不平衡保护跳闸，原因为电容器套管接头至电容器塔下方线排连线安装工艺不当，相邻电容器套管并与接线头近距离接触，雨天情况下雨水流过引线表面将 12 号电容器下侧套管接头与 11 号电容器下侧套管接头短路。

10.4　调试验收阶段

10.4.1　交直流滤波器安装完成后需开展调谐频率试验,实测调谐频率与设计调谐频率的误差应控制在 1%以内。

10.4.2　高压电容器三相电容量最大与最小的差值不应超过三相平均值的 5%，并应符合设计要求。

10.4.3　滤波器带电后不平衡电流应小于报警整定值的 50%，直流控制保护系统进行补偿设置使不平衡电流测量值为零，防止电容器不平衡保护误动。

10.4.4　对滤波器进行试验时，因试验电路的接线方式对试验测量结果的影响较大，应采用合理的接线方式，降低测量线路电感和杂散电容对测量结果的影响。

【释义】在现场试验过程中，发现试验电路的接线方式对试验测量结果的影响比较大，尤其对于不平衡电流的测量影响非常严重。由于不平衡电流的测量值很小（一般几 μA 到几十 μA），而交流滤波器的元件参数也不大（μF 级和 mH 级），因此测试电路接好后，测试线路电感、电路中的杂散电容对测量结果都会产生不能忽视的影响。建议在进行滤波器测量的过程中，尽可能的将测量回路接在被测电容器的正下方中间位置，同时连接到微安表的测量线也应该尽量并在一起，减小对于表计的影响。

10.4.5　基建验收时要对通流回路接头逐一建立档案，对接头进行力矩检查，对每个接头进行力矩测量并作为初始值存档。螺栓紧固到位后画线标记，运维单位应按不小于 1/3 的数量进行力矩抽查。

10.5 运维检修阶段

10.5.1 交流滤波器检修应防止单一类型滤波器不足,绝对最小滤波器不满足导致直流降功率或直流闭锁。

【释义】2013 年 11 月 2 日,葛洲坝站一组 HP11/13 交流滤波器高端不平衡保护Ⅲ段动作,而仅有的另一组该类型交流滤波在检修状态,绝对最小滤波器条件不满足,直流闭锁。

2014 年 4 月 25 日,宜宾站巡检发现 5633(HP3)交流滤波器电容器漏油严重。后经国调许可,将无功控制方式打至手动,投入 5641 交流滤波器,切除 5633(HP3)交流滤波器,将无功控制方式打至自动。直流站控系统绝对最小滤波器不满足请求降功率,双极直流系统功率由 1369MW 回降至 952MW。

宜宾站和锦屏站 HP3 滤波器的数量相对于满负荷时 Abs Min Filter 的需求已无冗余,单组 HP3 故障退出后,绝对最小滤波器不满足,将造成功率回降。

10.5.2 定期对电容器接头进行红外热像检测,发现发热、漏油等情况时及时申请停运处理。

10.5.3 定期监视不平衡电流变化,发现不平衡电流增大接近跳闸值时及时申请停运进行检查处理。

10.5.4 投运 5 年后对中性线电容器和双极区域电容器进行检查并开展状态检测和评估,提前更换绝缘状况劣化的电容器。

10.5.5 日常巡视或停电检修时,须检查交流滤波器场电阻器内电阻片单元是否有脱落。

【释义】2020 年度检修期间,淮安站交流滤波器场电阻器清扫时,发现 23 例电阻片出现脱落情况(见图 10-5)。凌海科诚公司线编式无感电阻器每个电阻片单元都是用玻璃丝编织后与电阻器框架连接起来。出现电阻片脱落的主要原因便是玻璃丝因烧热等原因出现断裂。对所有存在脱落情况的电阻片单元进行处理,将部分脱落严重的电阻器更换,并对其他脱落单元采取临时固定措施,处理后对电阻器进行阻值测量工作,阻值测量结果正常。

图 10-5　电阻器电阻片脱落

11　防止干式电抗器故障

11.1　规划设计阶段

11.1.1　交流滤波器电抗器设计时应提高过负荷能力，正常运行时退出一小组滤波器后，滤波器电抗器不应出现过负荷。

　　【释义】2007年2月26日，葛洲坝站手动切除一组交流滤波器后，其他交流滤波器电抗器过负荷保护动作，陆续切除，导致绝对最小滤波器不满足而双极闭锁。

11.1.2　交流滤波器电抗器设计时应考虑，在运行背景谐波适度增大的情况下电抗器不会过负荷。电抗器过负荷保护报警值与跳闸值之间应留有足够的裕度。

　　【释义】2011年7月1日，奉贤站在运4组滤波器先后出现低压电抗器过负荷跳闸，在此过程中无功控制自动投入新滤波器，新滤波器投入后马上再次因电抗器过负荷而跳闸，国调下令执行极Ⅰ闭锁后滤波器频繁投切现象消失。经分析发现当前系统背景谐波增长较快，已达到2006年设计值的上限，导致电抗器日常运行电流偏大，实际运行电流已接近保护动作值。

11.1.3　换流站交流出线50km内，或距离线路500m半径内无载波通信线路时，站内不配置PLC阻波器或将已配置的PLC滤波器拆除，不满足时应对载波通信线路择机改造。

> 【释义】2020 年 7 月 8 日，枫泾站极 I 换流变压器网侧 PLC 电抗器 L1 C 相故障，导致极 I 换流变压器引线差动保护动作。经过校核，团林站、枫泾站均可拆除 PLC 滤波器。后期将对其他 15 座配置了 PLC 滤波器的换流站进行校核，对不满足校核的换流站进行交流线路载波通信改造，对满足校核的换流站进行 PLC 滤波器拆除工作。

11.2 采购制造阶段

11.2.1 设计单位应对干式电抗器接头进行校核，设计文件中应包含接头材质、有效接触面积（去除螺栓孔面积）、载流密度、螺栓标号、力矩要求等，设计图纸中应包含接头形状和面积计算。

11.2.2 干式电抗器隔声罩顶部、底部均应设有防止鸟类进入的措施。

11.2.3 干式电抗器散热通道应保持畅通，防止局部发热引发设备烧损。

> 【释义】2017 年 7 月 10 日，淮安站 5642 交流滤波器 C 相 L1 电抗器起火损毁，返厂解体检查发现层间存在堵塞部位导致局部散热不良。

11.2.4 户外装设的干式空心电抗器，包封外表面应有防污和防紫外线措施。电抗器外露金属部位应有良好的防腐蚀涂层。

11.2.5 高寒地区电抗器整体采用耐低温绝缘材料，并在产品表面采用特殊 RTV 涂层。

11.2.6 干式空心电抗器导线所使用的绝缘材料应进行试验，主要包括工频击穿电压试验、工频耐压试验以及导线成品后的叠包率测试。

> 【释义】检测绝缘材料的电气性能（击穿和耐压），别除有缺陷的批次绝缘，利于导线绝缘性能的稳定。绝缘叠包率不仅是保障导线电气强度的重要条件之一，而且叠包率还影响导线的外形尺寸，是影响绕组高度的重要因素之一。

11.2.7 干式空心电抗器导线所使用的绝缘膜应采用红外光谱检测进行抽检,抽检结果应满足绝缘薄膜材质要求;对不同批次绝缘膜应进行成分检测,成分应满足导线绝缘膜材质要求。

【释义】绝缘膜的材质可通过其化学结构去确定,而红外光谱是分析绝缘膜化学结构的有效手段之一;红外光谱可检测绝缘膜的材质是否与所要求的材质一致,确保导线绝缘性能满足要求。

11.2.8 换流站用电抗器在生产工序间应进行股层间绝缘检查。

【释义】电抗器股间绝缘缺陷虽然不如匝间缺陷引发匝间短路故障严重,但是也会影响电抗器的电气参数,对电抗器长期使用造成不利影响。工序间检测有助于在早期发现线圈隐藏的缺陷,便于在固化前及时消除线圈隐患。

11.2.9 导线生产过程中应进行在线无损涡流探伤检查。

【释义】无损涡流探伤检测有助于在早期发现线导线缺陷,便于在绕制前及时消除隐患,保证产品质量。

11.2.10 需严格控制干式电抗器生产厂房的温度、湿度,避免干式电抗器材料吸潮发生水解,从而影响产品质量。

【释义】国内干式空心电抗器主要采用环氧/咪唑、环氧/酸酐两种体系,其中酸酐体系容易吸潮发生水解,水解后严重影响环氧包封的性能,从而影响产品寿命。使用环氧/酸酐体系时应严格控制厂房温度、湿度。

11.2.11 干式空心电抗器所使用的导线绝缘膜与包封体系的耐热等级应能够匹配。

【释义】线圈整体绝缘耐热要求为不低于 F 级时,导线匝间绝缘应满足不低于 F 级绝缘。

11.3　基建安装阶段

11.3.1　加强安装工艺质量管控,严格按照设计单位提供的方案采购金具,严禁金具在装配现场开孔,确保金具质量合格。

11.3.2　新建换流站基建安装时应对干式电抗器主通流回路接头逐一建立档案,严格管控接头打磨和导电膏涂抹工艺,接头安装完毕后应进行直阻测量和力矩检查并作为初始值存档,螺栓紧固到位后画线标记。

11.4　调试验收阶段

11.4.1　干式电抗器本体外部绝缘涂层、其他部位油漆应完好;本体风道应清洁无杂物。(新增)

11.4.2　干式电抗器绝缘支撑结构下支架底座应可靠接地,支柱绝缘子的接地线不应形成闭合环路;在电抗器中心2倍直径范围内不应形成金属闭合回路。

11.4.3　新安装的干式空心电抗器,应开展匝间绝缘检测试验。

11.5　运维检修阶段

11.5.1　对于采取全包裹或半包裹式降噪措施的电抗器设备,可贴识温片监视温升状态。

11.5.2　每5年对干式电抗器进行一次专业检查,每两年对极母线平波电抗器进行一次专业检查,具体包含外观、内部风道、鸟类活动痕迹等,检查中如发现涂层有鼓泡、起皮、龟裂、树枝状放电等现象,应进行重新喷涂;如发现通风条移位、包封绝缘损伤、汇流引线断股等情况,应及时进行维修。

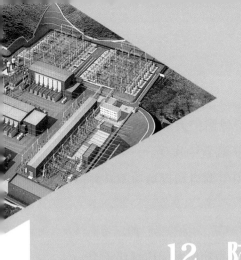

12 防止站用电源故障

12.1 规划设计阶段

12.1.1 换流站的站用电源设计应配置三路独立、可靠电源，其中一路电源应取自站内变压器或直降变压器，一路取自站外电源，另一路根据实际情况确定。若三路电源中有两路取自站外，则两路站外电源应取自不同电源点，且为专线供电，不得采用 T 接、迂回供电和同杆架设方式。

【释义】鹅城站原有四回 10kV 站用电进线，但是无一回取自站内，且该四回 10kV 进线对应的两座 110kV 变电站全部取至同一 220kV 义和变电站。2005年 4 月 9 日，义和 220kV 变电站全站失电，引起 110kV 埔田变、110kV 湖镇变两座变电站全站失电，导致鹅城站四路 10kV 站用电全停。鹅城站双极直流系统因内水冷主水流量保护动作跳闸，双极强迫停运。

12.1.2 站用变的设计容量应满足低温天气下设备加热器、电暖设备的用电需求。

12.1.3 换流站站用电的保护系统应相互独立，不应共用元件，防止共用元件故障导致站用电全停。

【释义】政平站原三回站用电控制保护系统全部集成在 ACP71、ACP72 中（两台主机为相互冗余的控制保护系统），三回站用电保护不独立。2005 年 11 月 20 日，政平站两台站用电控制保护系统主机依次故障导致站用电全停，引起双极强迫停运。

12.1.4 10kV（6kV）母联断路器应配置独立的保护装置，以防扩大故障范围，10kV（6kV）进线断路器和负荷断路器保护可在相应变压器保护装置中实现。

12.1.5 站用电系统 10kV 母线和 400V 母线均应配置备用电源自动投切功能（简称备自投）。

12.1.6 站用电备自投应按照如下要求设计：

（1）10kV 及 400V 备自投、阀外冷系统电源切换装置的动作时间应逐级配合，保证不因站用电源切换导致单、双极闭锁。低电压等级的备自投动作时间应大于高电压等级的备自投动作时间；下一级切换装置的动作时间应大于上一级切换装置动作时间。

【释义】2009 年 8 月 16 日，宜都站外冷水电源切换装置 MCC 切换时间短于站用电备自投切换时间，切换装置频繁动作后故障，导致外冷系统电源故障，风扇全部停运后水温上升后故障闭锁。

（2）备自投应冗余配置，并具备投退功能。

（3）备自投应延时动作，并只动作一次。

（4）当电源进线开关保护动作时，备自投不应动作。

（5）备自投动作或投退后应有报警信号和事件记录。

（6）为避免非同期电源合环运行，联络开关与进线开关之间必须设计相应的联锁。

【释义】灵宝站单元Ⅰ原 400V 站用电进线开关和联络开关间无任何电气和机械联锁，2009 年 9 月 30 日，400V 母联开关投合引起站用电非同期合环，进线开关和联络开关保护动作全部跳开、站用电全停，直流强迫停运。

（7）与母线故障相关的过流、低压保护动作后应闭锁备自投功能。

【释义】锦屏站 10kV 备自投闭锁逻辑设置不合理，母联开关保护动作后未闭锁备自投。

12.1.7 一主一备电源的备自投逻辑按如下要求设计：

（1）当主电源进线失压且备用电源电压正常时，备自投自动延时分开主电源进线开关，合上联络开关，投入备用电源。

（2）当主电源恢复供电后，备自投自动分开联络开关，合上主电源进线开关。

（3）当备用电源进线失压时，备自投不动作。

12.1.8 两路电源分列运行的备自投逻辑按如下要求设计：

（1）当一路电源进线失压且另一路电源电压正常时，备自投自动分开故障电源进线开关合上联络开关，两段母线并列运行。

（2）当故障电源恢复供电后，备自投自动延时分开联络开关再自动合上该路电源进线开关。

（3）进线开关和联络开关保护定值应配合合理，在两段母线联络运行时一段母线故障后应先跳开联络开关，保证另一段母线可正常运行，防止两段母线均失电。

> **【释义】** 柴达木站 400V 母线进线开关、联络开关保护定值相同，均为速断定值 20000A，短延时保护闭锁。当 400V 母线故障时，联络开关和进线开关同时跳开，两段 400V 母线均失电，导致单极闭锁。

12.1.9 低压直流电源应设置分电屏供电方式，不应采用直流小母线供电方式。系统馈出网络应采用辐射状供电，禁止采用环状供电方式，以防发生直流接地时增加查找直流接地范围的难度，加大跳闸回路误出口的可能性。

12.1.10 低压直流电源系统应至少采用两组蓄电池组、三台充电装置，第三台充电装置（备用充电装置）可在两段母线之间切换，任一工作充电装置退出运行时，手动投入第三台充电装置。换流器的低压直流系统宜采用直流 A、B 和 C 母线的供电方式。A、B 两条直流母线为电源双重化配置的设备提供工作电源，C 母线为电源非双重化的设备提供工作电源。双重化配置的二次设备的信号电源应相互独立，分别取自直流母线 A 段或者 B 段。

12.1.11 直流电源设计系统图应提供计算书，标明开关、熔断器电流级差配合参数。各级开关的保护动作电流和延时应满足上、下级保护定值配合要求，防止直流电源系统越级跳闸。

12.1.12 充电装置的交流电源进线、直流输出、直流回路隔离器、各馈出回路直流断路器应装有辅助触点和报警触点，蓄电池组总出口熔断器应装有报警触点。直流电源系统充电装置异常、直流母线过/欠压、各路馈线开关及直流电源开关动作跳闸、绝缘监测装置报警等重要信息应通过硬接点接入站监控系统。绝缘监测装置应具备交流窜直流故障的支路寻址、测记和报警功能。

12.1.13 站用电系统重要负荷（如水冷系统主泵、直流系统充电机、交流不间断电源、消防水泵等）应采用双回路供电，接于不同的站用电母线段上，并能实现自动切换。

12.1.14 站用电系统重要负荷（如水冷系统主泵、直流系统充电机、交流不间断电源、消防水泵等）应采用双回路供电，接于不同的站用电母线段上，并能实现自动切换。

12.1.15 换流站每组蓄电池的容量应满足全站交流电源停电后同时带两段直流母线负载运行 2h，阀控铅酸蓄电池组应安装在独立的蓄电池室内，不能满足的应设置防爆隔火墙。

12.1.16 蓄电池组总出口宜使用熔断器，直流电源系统其他开关应采用具有自动脱扣功能的直流专用断路器，严禁使用交流断路器。

12.1.17 换流站每个区域宜配置两套交流不间断电源装置，每台应采用取自不同段交流母线的两路站用交流输入和一路直流输入，两台的直流输入取自不同直流母线，装置应具备运行旁路和独立的检修旁路，输出馈线应采用辐射状供电方式。

12.2 采购制造阶段

12.2.1 新、改、扩建换流站选用的充电、浮充电装置，高频开关电源模块应满足稳压精度小于等于±0.5%、稳流精度小于等于±1%、输出电压纹波系数小于等于±0.5%的技术要求；相控型电源应满足稳压精度小于等于±1%、稳流精度小于等于±2%、输出电压纹波系数小于等于±1%的技术要求。

12.2.2 换流站蓄电池应选用质量可靠稳定、故障率低、寿命长的产品，避免蓄电池频繁故障，影响直流输电系统可靠运行。应配置蓄电池监测装置监视每节电池的端电压和内阻。

12.2.3 运维单位、设计单位应审核交直流配电开关选型和编号，审查屏内配线接线标识符合要求。

12.3 基建安装阶段

12.3.1 站用电系统及阀冷却系统应在系统调试前完成各级站用电源切换、定值检定、内冷水主泵切换试验。

12.3.2 站用变压器高压侧相序接线方式变更时，低压侧相序应进行相应的调整，避免出现相序错误。

> 【释义】变压器一次相序需对变压器接线方式变更时，低压侧相序若未对应改变，变压器相序设置不一致影响差动保护的电流的计算，并引起电机反转。

12.4 调试验收阶段

12.4.1 检查各级站用电系统备自投功能配置和定值延时配合情况，核实备自投冗余配置、定值设置无误。

12.4.2 进行各级备自投切换试验，验证备自投配合和动作时序是否正确，检验切换过程对各装置运行的影响，检验切换过程电压是否稳定，是否影响各类负荷运行，以及是否会导致直流闭锁。

12.4.3 站用直流系统应进行级差配合试验，核查站用交流 400V 负荷开关与上一级的 400V、10kV 开关保护的定值及延时配合关系和试验项目，防止故障越级跳闸。

> 【释义】金华站外水冷系统电源柜负荷开关的过流定值大于上级电源开关，在故障支路负荷开关跳闸前，上级开关越级跳闸造成故障范围扩大。

12.4.4 运维单位应编制站用电系统（包括 400V 负荷开关）的保护定值整定计算报告。

> 【释义】设计单位负责前期收资、设计、选型，校核站用电系统的整体容量、各级电源配合、负荷配置、保护配置，编制站用电系统设计报告。

12.4.5 核查站用直流系统是否存在环状供电。

12.4.6 检查站用直流系统开关级差配合是否满足要求。

12.4.7 检查直流系统的重要报警信号是否接入站监控系统。

12.4.8 检查直流系统绝缘监测装置交流窜直流测记及报警功能是否正常。

12.4.9 核查充电、浮充电装置是否运行正常，精度是否满足要求。

12.4.10 对于两路直流电源经隔离模块输出单一电源的情况，应分别对两套电源进行断电试验，确保电源回路接线无松动、隔离输出模块工作无异常，切换过程中无电压突变等异常。

12.4.11 应对绝缘监测装置的单极接地、双极接地、交流窜入、直流互窜的监测、告警及选线功能进行检验。

12.4.12 应进行充电装置输入交流电源低电压和缺相（三相交流输入装置）的试验，检验交流备用电源切换装置应动作正常，充电装置的输入交流电源失电恢复后充电模块应能自启动，充电装置部分模块停用后应能自动均流，模块故障告警发信正常。

12.4.13 应进行蓄电池内阻测试，蓄电池单体电池内阻值应与制造厂提供的阻值一致，进行蓄电池组全容量核对性充放电，蓄电池单体电压不一致性的数量超过整组数量的 5%，或经三次充放电仍达不到 100% 的标称容量，应整组更换。

12.5 运维检修阶段

12.5.1 停电检修时，对备自投定值进行核查，开展各级备自投和电源切换装置的切换试验。

12.5.2 站用电系统保护定值以及备自投定值的整定应严格履行审批手续，严禁未经批准擅自修改站用电保护定值。

12.5.3 非冗余配置的备自投控制系统进行软件升级或程序装载时应将备自投退出，相关开关切至"就地"位置。

12.5.4 停电检修时，对频繁投切且功率较大的负荷（如主泵、风扇电机、加热器等）接触器触头进行检查，对触头烧蚀严重的接触器应进行更换。

12.5.5 严防直流接地发生，当发生接地时要立即查明接地点并进行处理或隔离，防止事故扩大。在通过拉路法查找直流接地点时，要检查确认直流开关负荷，防止误拉直流负荷开关导致直流闭锁或设备跳闸。

12.5.6 加强蓄电池检查维护工作，防止直流电压突然降低，造成系统性事故。

12.5.7 直流母线蓄电池组退出前，应先合上母线联络开关，接入另一组蓄电池组后再尽快退出该组蓄电池，避免直流母线无蓄电池连接运行。

12.5.8 直流母线蓄电池组投入前，应确认母线联络开关处于合闸状态，蓄电池组投入后再拉开母线联络开关，避免两组蓄电池长时间并联运行。

12.5.9 在站用变开展直流电阻测试后，应进行消磁试验。

【释义】站用变在直流电阻测试中，会在铁芯中产生剩磁，当站用变零起升压时，易产生较大的励磁涌流，可能会造成保护动作。

12.5.10 站用交流电源系统停电操作应先断开低压负载，再断开电源开关；送电操作应先合上电源开关，再恢复低压负载；禁止带负荷插拔熔断器。

12.5.11 新安装的阀控密封蓄电池组，应进行全核对性放电试验。以后每隔两年进行一次核对性放电试验。运行了四年以后的蓄电池组，每年做一次核对性放电试验。备用搁置的阀控蓄电池，每 3 个月应进行一次补充充电。若经过三次放充电循环仍达不到蓄电池额定容量的 80%，应安排整组更换。

12.5.12 站用变外接电源线路或站用变改造结束恢复送电时，外接站用变应与站内站用变进行核相，站用变低压回路涉及拆动接线工作后，恢复时应进行核相。

13 防止户外箱柜故障

13.1 规划设计阶段

13.1.1 户外端子箱（接线盒）应至少达到 IP55 防尘防水等级，端子箱内应设置加热驱潮装置。

【释义】IP55 防尘防水等级是指能防止有害粉尘堆积，液体由任何方向泼到外壳没有伤害影响。2003 年 7 月 18 日，政平站极Ⅰ WN-Q11NBGS 控制柜操动机构外罩变形进水造成直流接地故障，导致单极强迫停运。

13.1.2 对于换流变压器、平抗、主变、套管等设备的气体继电器、油流继电器、SF_6 压力传感器等户外非电量保护装置，TA、TV 二次接线盒，应配套安装防雨罩，装置本体及二次电缆进出线 50mm 范围应被遮蔽，防雨罩应能防止上方和侧面的喷水且便于拆装。防雨罩边缘需加装防护措施（橡胶防护套等）并采用非金属扎带固定良好，防止因长期震动割伤附近管路、电缆。

【释义】2003 年 7 月 1 日，龙泉站换流变压器分接开关压力继电器跳闸导致极闭锁。继电器因未加装防雨罩，跳闸接点绝缘下降，导致分接开关压力继电器保护误动。

2003 年 7 月 10 日，政平站换流变压器、平抗因气体继电器未加装防雨罩，接线端子盒内进水引起瓦斯保护动作先后闭锁双极。

2004 年 7 月 17 日，鹅城站换流变压器气体继电器接点绝缘降低导致极闭锁。该继电器 A 未加装防雨罩，系统跳闸接点之间绝缘稍有降低，另一跳闸接点正常，仅单个接点绝缘降低后保护动作。

13.2　采购制造阶段

13.2.1　户外端子箱（接线盒）的选材应合理，避免长期运行后变形进水。针对多沙尘天气，户外端子箱应采用防沙尘双层门密封设计，防止沙尘进入造成设备卡涩拒动。

【释义】2003 年 7 月 10 日，政平站换流变压器、平抗因气体继电器接线端子盒内进水引起瓦斯保护动作，双极先后闭锁。确认为气体继电器选材不当，接线盒本体为金属材料而盖板为塑料，变压器长期运行或气温变化等原因使其变形，密封不严而进水受潮（见图 13-1、图 13-2）。

　　　图 13-1　盖板变形情况　　　　　图 13-2　接线盒的受潮情况

【释义】2017 年 5 月 21 日，灵州站极 I 低端 Y/D C 相换流变压器分接头不一致，检查分接开关遥控操作回路，发现降档继电器常闭接点未正常导通，且机构箱内有一定的积沙现象（见图 13-3、图 13-4），关闭电源对继电器除沙后恢复正常，可判定故障原因为分接开关机构箱密封不严，有进沙现象。

图 13-3　机构箱进沙　　　　　　　图 13-4　继电器进沙

13.2.2　对于换流变压器、平抗、主变、套管等设备的气体继电器、油流继电器、SF_6 压力等重要继电器、传感器与安装的防雨罩形状、尺寸应配合。

13.2.3　动力箱、机构箱和端子箱应采用双重保温结构，柜内附带加热功能及温控装置，当温度低于零度时自动启动，温控器应选择技术成熟、应用良好、运行可靠产品，温控器外壳选用阻燃材质，加热器功率应能满足极低温度下的运行要求，保证柜内温度不低于零度。加热回路线径应满足该回路所有负荷投入时载流量。

13.3　基建安装阶段

13.3.1　检查户外端子箱（接线盒）厂家相关文档，确认其防尘防水等级至少满足 IP55 要求。

👉 【释义】2008 年 1 月 1 日，南桥站极 I 线路直流分压器接线盒密封不良，二次接线绝缘降低，致使送至控制保护系统的直流电压值在昼夜温差比较大时发生异常变化而引起跳闸，导致极闭锁。

13.3.2　对户外端子箱和接线盒的盖板、密封垫、防火封堵进行检查，防止变形或密封不严进水受潮。

👉 【释义】2019 年 8 月 10 日，古泉站极 I 低端换流变压器进线 CVT 端子箱门密封条脱落，大雨期间雨水流入箱内，导致送至测量接口屏 CMI12A/B 的两个小空开均短路跳开，阀控双系统报紧急故障闭锁换流器。

13.3.3 通过进行泼水试验，核实端子箱和接线盒的防水等级。

13.3.4 检查户外端子箱、汇控柜的布置方式，确认端子箱、汇控柜底座和箱体之间有足够的敞开通风空间，以免潮气进入。

13.3.5 户外端子箱和接线盒的进线电缆额外加装护套时，应具有防止护套进水的措施，避免护套破损后雨水倒灌至端子箱和接线盒内，导致接点受潮，绝缘降低。

【释义】2016 年 6 月 2 日，团林站极Ⅰ Y/D B 相换流变压器气体继电器电缆进线从接口盒上方接入（见图 13-5），雨水从电缆护套倒灌至瓦斯接线盒，引起重瓦斯保护动作闭锁。

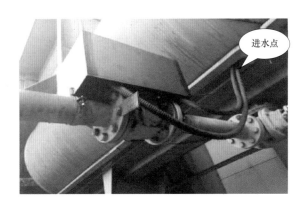

图 13-5　气体继电器电缆进线接线图

13.3.6 端子箱、汇控柜内的温控器、加热器、除湿器等元器件应取得"3C"认证或通过与"3C"认证同等（如 CE 认证）的性能试验，外壳绝缘材料阻燃等级应满足 V-0 等级。加热器安装位置应合理，与各元件、电缆及电线的距离大于 50mm，避免靠近接线端子或电缆造成设备烧损。

13.4　运维检修阶段

13.4.1 定期检查室外控制柜、开关柜设备柜内加热器工作情况，无加热器的室外屏柜应进行加装。

【释义】2020 年 9 月 11 日，奉贤站#62 交流滤波器母线差动跳闸，检查发现断路器汇控柜内温度控制器故障，交流电源回路零线持续发热，同时零线芯线电缆头本身绝缘质量差，低压交流电源串入临近的 TA 回路，导致保护动作出口。

13.4.2 户外设备端子箱、机构箱门密封情况检查纳入换流站定期巡视项目，检查箱门密封良好，密封条变形、脱落应及时处理，防止雨水进入箱体导致设备故障。

【释义】2019 年 8 月 10 日，古泉站极 I 低端换流变压器进线 CVT 端子箱门密封条脱落，大雨期间雨水流入箱内，导致送至测量接口屏 CMI12A/B 的两个小空开均短路跳开，阀控双系统报紧急故障闭锁换流器。

13.4.3 定期检查室外端子箱、接线盒锈蚀情况，确认防腐防锈蚀措施有效，锈蚀严重的端子箱、接线盒应及时更换。

【释义】2020 年度检修期间，中州站发现换流变压器本体接线盒多个格兰头存在开裂、脱落情况。发现 4 处问题：极 I 低端换流变压器 YY B 相本体油位计接线盒（北侧）线头脱落，螺丝紧固处理；极 I 低端换流变压器 YY B 相 CT021 接线盒线头脱落，螺丝紧固处理；极 I 低端换流变压器 YY B 相网侧 1.1 套管 TA 接线盒（西侧）无密封圈，更换密封圈；极 II 低端换流变压器 YY B 阀侧 2.2 套管 TA 接线盒（上部）格兰头脱落，打密封胶处理（见图 13-6、图 13-7）。

 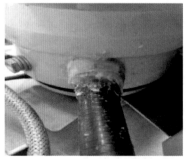

图 13-6 格兰头处理前 　　图 13-7 格兰头处理后

13.4.4　停电检修时,应对非电量保护回路等跳闸回路进行绝缘测量,确保回路干燥、绝缘良好。

13.4.5　大风沙尘天气不宜打开机构箱箱门、汇控柜柜门,防止沙尘进入造成设备卡涩拒动。尽量避免雨天室外作业,防止雨水进入柜体导致端子排受潮。

【释义】2015 年 5 月 8 日,高岭站在雨天检修工作期间,因隔离开关机构箱门关闭不严,端子排进水受潮,导致 500kV 断路器三相跳闸。

13.4.6　停电检修时,对户外非电量保护继电器、接线盒按照每年不少于 1/3 的比例进行轮流开盖检查。

13.4.7　停电检修时,检查端子箱内是否有螺栓松动、元器件烧损现象,发现问题及时更换。

【释义】2020 年检修期间,韶山站发现极 Ⅱ 低端换流变压器 Y/Y C 相汇控柜交流接触器出线烧损,经检查发现螺栓出现松动导致接触不良发热。

14 防止电缆及二次回路故障

14.1 规划设计阶段

14.1.1 为重要负荷供电的双电源回路电缆应分沟敷设。不具备条件时应敷设于电缆沟的不同侧并采取防火隔离措施。电缆敷设卷册中应明确重要供电回路动力电缆敷设路径及要求。

14.1.2 新建工程 10kV 及以上动力电缆宜采用电缆沟敷设，避免采用直埋敷设。

【释义】2020 年 9 月 12 日，复龙站因 10kV 电缆外皮破损导致 1 号站用变 511B 保护跳闸。电缆采用直埋，分析电缆外皮破损可能为安装期间施工造成，但没造成绝缘完全破坏（见图 14-1）。

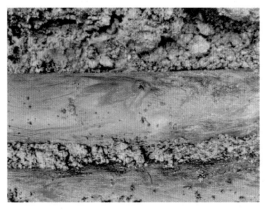

图 14-1 直埋电缆外皮破损

14.1.3　新建工程低压动力电缆、控制电缆和通信电缆同沟敷设时，动力电缆与控制电缆之间采用防火隔板隔离，通信电缆宜放置在耐火槽盒内。

14.1.4　电缆夹层、电缆竖井、电缆沟敷设的直流电缆和动力电缆均应采用铠装阻燃电缆，非阻燃电缆应包绕防火包带或涂防火涂料，消防供电电缆、消防控制电缆和火灾报警相关电缆应采用耐火电缆。用于继电保护和控制回路的二次电缆在未装设槽盒的情况下应采用铠装屏蔽铜芯电缆、宜采用阻燃电缆，在油污条件下应采用耐油的绝缘导线。

14.1.5　主电缆沟道间隔 60m 应设置防火墙。主电缆沟道与分支电缆沟道交界处、室外进入建筑物入口应设置防火墙，防火涂料涂刷至防火墙两端各 1.5m。换流变压器广场区域电缆沟宜间隔 30m 设置一处防火隔断，并设置感温电缆。

14.1.6　隧道、竖井、电缆夹层应采取防火墙、防火隔板及封堵等防火措施。防火材料耐火极限不低于 1h，建筑物内部电缆井在楼板处采用不低于楼板耐火极限的不燃材料或防火封堵材料封堵。

14.1.7　电缆夹层、电缆竖井内（若有）应设置火灾预警监测装置；电缆夹层、竖井、电缆主沟交叉处设置自动灭火装置。

14.1.8　换流变压器、联络变、高抗等带油设备区及 10m 范围内，非本间隔的电缆沟均应采取封闭措施；充油设备两侧应设置防火隔墙，电缆沟盖板封闭至防火墙外伸 3m。

14.1.9　按照全寿命周期管理的要求，根据线路输送容量、系统运行条件、电缆路径、敷设方式和环境等设计条件合理选择电缆和附件结构型式。

14.1.10　电缆主绝缘、单芯电缆的金属屏蔽层、金属护层应有可靠的过电压保护措施。统包型电缆的金属屏蔽层、金属护层应两端直接接地。

14.1.11　交直流回路禁止共缆、共端子排。采用航空插头接线形式的户外机构箱，交、直流回路宜使用相互独立的航空插头。交、直流回路在同一航空插头底座上应选用不相邻的针孔，防止端子箱受潮引起交流窜入直流电源系统。

【释义】2020 年 12 月 21 日，南桥站 2105 回路隔离开关机构箱内有受潮（见图 14-2），机构箱内加热器交流电源与信号电缆共缆，交流电源窜入直流电源系统，导致极Ⅱ闭锁。

图 14-2 2105 隔离开关机构箱受潮情况

14.1.12 电缆选型要考虑高温、低温、防磁的使用环境，低温地区可选用 YJY23 电缆。

14.1.13 两组蓄电池的电缆应分别铺设在各自独立的通道内，尽量避免与交流电缆并排铺设，对无法设置独立通道的应采取阻燃、防爆、加隔离护板或护套等措施。蓄电池组电缆的正极和负极不应共用一根电缆。在穿越电缆竖井时，两组蓄电池电缆应加穿金属管。

14.2 采购制造阶段

14.2.1 严把电缆入网关，明确各种电缆的技术规范、质量要求和验收标准，加大控制电缆质量抽检工作力度，开展控制电缆出厂试验现场监督工作，严格落实电缆交接验收工作要求。

【释义】2020 年 10 月 15 日，高岭站在断开状态的 50331 断路器 B 相刀闸非正常合闸，造成 B 相接地，绥高 2 号线双套线路保护动作，5032 断路器跳闸。

事故调查发现高岭站投运后站内频发直流系统接地、SF_6 电流互感器 SF_6 压力低告警、刀闸（地刀）变位等事件，经排查均为电缆绝缘不良导致。2014 年高岭站更换 ZR-KVVP2-22 4×1.5 电缆约 2600m，2015～2019 年更换电缆5600m，更换后该直流系统基本恢复正常。

现场对故障电缆内芯进行外观检查，发现导线间包裹不紧密，手抠、拽，可直接将绝缘层剥离，控制电缆质量不良是引起本次事故的直接原因。

14.2.2 电缆运输过程中应采取可靠固定、控制车速等措施，防止电缆受到碰撞、挤压等外力损伤，严禁将电缆盘直接从车上直接推下，电缆盘不应平放运输、平放贮存。

14.3 基建安装阶段

14.3.1 电缆支架、固定金具、排管的机械强度和耐久性应符合设计和长期安全运行的要求，且无尖锐棱角。

14.3.2 加强控制电缆施工质量管控，细化电缆布置、敷设和验收要求。

14.3.3 电缆敷设应严格按照设计制定的分沟、分层排列方案分步执行，避免电缆凌乱。

14.3.4 电缆敷设过程中应严格控制牵引力、侧压力和弯曲半径，严防电缆敷设和电缆头制作过程中损伤电缆及芯线绝缘。

14.3.5 施工期间应做好电缆和电缆附件的防潮、防尘、防外力损伤措施。

14.3.6 金属护层采取交叉互联方式时，应逐相进行导通测试，确保连接方式正确。金属护层对地绝缘电阻应试验合格，过电压限制元件在安装前应检测合格。

14.3.7 电缆终端尾管应采用封铅方式，并加装铜编织线连接尾管和金属护套。

14.3.8 端子排正、负电源之间，以及正电源与分、合闸回路之间，正电源与启动失灵回路之间，以及相反的控制信号之间应以空端子或绝缘隔板隔开。

14.3.9 户外端子箱和接线盒的进线电缆额外加装护套时，应有防止护套进水的措施，并在护套最低点处打滴水孔，避免护套破损后雨水倒灌至端子箱和接线盒内，导致接点受潮，绝缘降低。

14.3.10 在电缆穿过墙壁、楼板或进入电气盘、柜的孔洞处，用防火堵料密实封堵。

14.3.11 加强电缆隧道隐蔽工程的审查，核查通道机械排水措施；强化对一衬、二衬、通道排水管道等隐蔽工程的过程验收，做好抗渗混凝土标号检测，严格执行隐蔽工程影像制度；严格履行工程监理监管职责，严格通道转序验收手续，同时做好通道的结构检测。

【释义】某 110kV 变电站电缆隧道竣工验收发现该电缆隧道部分区段渗漏水严重（见图 14-3），影响电缆设备安全运行。原因一为施工工艺较差，相邻浇筑段的防水卷材拼接处粘结或焊接质量欠佳，结构沉降缝、连接缝的止水带、填充材料埋设施工工艺不当，混凝土收缩时，产生缝隙；二为隧道防水等隐蔽工程所涉及的防水材料、施工工艺与质量监管不到位，隧道在建设完成后未进行结构性检测，隧道不满足二级防水等级和排水要求。处理措施为对渗漏水区段采用填、引等方式进行修复疏导。应加强隧道防水等隐蔽工程管控并采取监督措施。

图 14-3　电缆隧道严重渗水

14.4　调试验收阶段

14.4.1　检查动力电缆、直流系统电缆选型、敷设、隔离措施满足要求。

14.4.2　检查一、二次电缆，不同电压等级电缆分沟，分层敷设满足要求，核实电力电缆同沟敷设线缆的防火隔离措施满足要求。

14.4.3　加强电缆敷设孔洞封堵验收，电缆沟内阻火墙、孔洞管口、盘柜底部封堵应严实可靠，不应有明显的裂缝和可见的孔隙，孔洞较大者应加防火板后再进行封堵。

14.4.4　应加强对电缆保护管的施工工艺的隐蔽验收。

14.4.5　应对所有的直流电源及二次回路进行绝缘测试，并记录绝缘阻值。

14.5 运维检修阶段

14.5.1 加强动力电缆接头的红外测温，发现温度异常，应加强监视，必要时申请停运及时处理。

14.5.2 加强电缆线路负荷和温度的检（监）测，防止过负荷运行，多条并联的电缆应分别进行测量。巡视过程中应检测电缆附件、接地系统等关键接点的温度。

14.5.3 严禁金属护层不接地运行，严格按照试验规程对电缆金属护层的接地系统开展运行状态检测、试验。

14.5.4 年度检修期间应做好跳闸回路和重要测量回路电缆芯对地、芯间绝缘的检查，并对绝缘电阻试验数据进行纵向、横向比对分析，及时发现电缆故障缺陷。

【释义】2020 年 2 月 22 日，天山站换流变压器轻瓦斯跳闸回路电缆绝缘下降导致极 I 高端闭锁。极 I 高端 Y/Y A 相换流变压器气体继电器接线盒至换流变压器控制柜之间 8 芯电缆中的 2 芯存在损伤痕迹，该 2 芯为 3 号分接开关轻瓦斯接点电源线和信号线，电缆损伤后芯间绝缘降低直接导致了此次天山站闭锁事件。

2020 年 7 月 11 日，扎鲁特站极 I 低端换流变压器 CVT A 相交流电压 4a、4n 和 3n 端子电缆磨破，破损部位短路造成 CVT 分压和隔离回路发生铁磁谐振，导致三套保护用电压（共用 CVT 分压和隔离回路）幅值上升，三套阀保护主机报换流变压器过电压保护动作，鲁固直流极 I 低端闭锁。

14.5.5 定期开展电缆通道开盖板检查，检查电缆沟排水孔、防火墙和沟道体破损情况，杜绝电缆沟内积水浸漫电缆导致电缆绝缘故障。

14.5.6 旧电缆前拆除应做好二次安全措施，隔离电源和运行设备，防止人员触电及保护误动事故，必要时退出相关保护及安全自动装置。

14.5.7 退运的电缆应整根退出，严禁从中间剪断。

15 防止阀厅事故

15.1 规划设计阶段

15.1.1 阀厅的火灾危险性类别为丁类、耐火等级为二级，每幢阀厅宜作为 1 个独立的防火分区，阀厅消防设计宜进行专门的施工图检查。

15.1.2 换流变压器侧墙应采用钢筋混凝土结构，阀厅屋面板内增加防火板，加强阀厅耐火能力。

15.1.3 阀厅建筑围护结构缝隙采取的封堵措施应完整有效，室内维持 5～10Pa 的微正压，新风降温时室内正压值不应超过 30Pa，保证阀厅密封良好。

15.1.4 阀厅建筑围护结构应执行 GB 51245《工业建筑节能设计统一标准》规定，保证保温隔热措施的热工性能。

15.1.5 阀厅建筑物屋面防水设计防水等级应为 I 级，阀厅屋面应采用外天沟有组织排水方式。

 【释义】执行现行国家标准 GB 50345《屋面工程技术规范》的有关规定。

15.1.6 阀厅屋面雨水排水设计降雨历时应按 5min 计算，屋面雨水排水管道工程的重现期不小于 10a，雨水排水管道工程与溢流设施的排水能力应不小于 50a 重现期的雨水量。

15.1.7 阀厅屏蔽应采用六面体电磁屏蔽措施，阀厅磁场屏蔽效能不低于 40dB。

15.1.8 阀厅外墙不应设置采光窗，避免对阀厅的整体气密性能造成不利影响。

15.1.9 风沙较大地区，阀厅直接对外出口处应设前室，通风口应考虑防风沙措施。

15.1.10 阀厅换流变压器侧混凝土防火墙开孔洞口封堵应采取经过试验验证的抗爆措施和封堵方案。

15.1.11 阀厅封堵与换流变压器阀侧套管之间应预留 50～100mm 的均匀间隙，并填充小封堵材料，避免封堵金属材料与套管升高座、油管、等电位线等接触产生发热。

> 【释义】2016 年 5 月 3 日，绍兴站直流偏磁调试期间，极 I 低端 Y/YA 相换流变压器 Box-in 内出现焦糊味，换流变压器阀侧末端套管阀厅墙壁洞口封堵处过热，有烧焦痕迹，过热处温度达到 306℃。检查发现阀厅墙壁防火板与阀侧套管升高座接触，在防火板金属表面产生涡流，导致阀厅墙壁封堵防火板发热，温度升高将封堵材料渗耐防水膜烧焦。

> 【释义】古泉站抗冲击板与阀侧套管升高座接触，形成闭合回路，在交变磁场作用下，涡流损耗严重，造成局部严重发热。

15.1.12 阀厅事故排烟风机或通风百叶窗应设自动启闭装置，阀厅正常运行时处于关闭状态、事故排烟或通风时处于开启状态。

15.1.13 加强阀厅屋面防风措施，防止大风掀翻屋面。

> 【释义】发生多次（葛洲坝、南桥、政平、高岭、伊敏站）阀厅屋顶角落被大风掀开甚至整个屋顶被掀落事故，需对阀厅屋檐、天沟等处采取加强措施。

> 【释义】加强屋檐、天沟、建筑物两侧山墙、全部建筑物高空迎风处的墙角结构强度。加强阀厅屋面抗风薄弱部位的固定、暗扣固定座与次檩条的连接、屋面维护结构的缝隙封堵。固定屋顶的螺丝应固定在底层的檩条上，不得仅固定在压型钢板上。

15.1.14 阀厅室内地坪应采用防潮饰面材料，防止潮气侵入阀厅内部。

15.1.15 阀厅应配置烟雾探测和紫外火焰探测两种不同类型的火灾报警装置，按区域综合判断后执行直流闭锁，同步停运阀厅空调系统、关闭排烟窗。

15.1.16 烟雾探测系统管路布置应保证探测范围覆盖阀厅全部区域，且同一处的烟雾应至少能被 2 个探测器同时监测。同时对每个阀塔配置紫外火焰探测器，每个阀塔的弧光应至少被 2 个紫外火焰探测器同时监测。

15.1.17 阀厅空调进风口处应装设烟雾探测探头，采集周边环境背景烟雾浓度参考值，防止外部烧秸秆等产生的烟雾引起阀厅极早期烟雾探测系统误动。

15.1.18 阀厅火灾报警系统应投跳闸，确保阀厅出现火情时能够尽早停运直流。阀厅火灾报警系统跳闸逻辑为：

（1）阀厅内若有 1 个烟雾探测器检测到烟雾报警，同时阀厅内任意 1 个紫外火焰探测器检测到弧光，应闭锁直流系统，并停运阀厅空调系统。

（2）阀厅内若进风口处烟雾探测器检测到烟雾，闭锁烟雾探测系统的跳闸出口回路，此时若有 2 个及以上紫外火焰探测器同时检测到弧光，仍允许闭锁直流系统，并停运阀厅空调系统。

15.1.19 紫外火焰探测、烟雾探测装置跳闸信号应直接接入两套直流控制保护系统，而不经中间转接环节（接点扩展装置除外），且在采样和出口环节做好防误动、拒动措施。火灾跳闸信号动作需经直流控制系统切换后跳闸。

15.1.20 烟雾探测传感器、紫外传感器的报警接点应满足分别送至一套火灾报警主机和两套直流控制保护系统的要求。如接点数量不够应进行扩展，并根据实际情况确定是否构成 RS 触发器回路来防止误动。

15.1.21 24V 接点的传感器可就地扩展，避免 24V 信号电缆过长因电磁干扰引起保护误动。

15.1.22 阀厅消防跳闸信号扩展装置应具备自检功能。

15.1.23 烟雾探测传感器、紫外探头本体故障时应闭锁传感器跳闸信号，防止保护误动。

15.1.24 运行人员工作站（OWS）增加阀厅火灾报警跳闸投退软压板或在跳闸回路中增加硬压板，以便投退阀厅火灾报警跳闸。

15.1.25 阀控室应保持干燥，顶部防水应良好，独立阀控室应配置冗余的空调并正常运行，空调通风口不得位于阀控屏柜顶部。阀控屏柜顶部应安装挡水隔板或采取其他防潮、防水措施，防止凝露、漏雨从屏柜顶部流入阀控屏柜导致设备故障。

15.1.26 阀厅集中式空调系统的空气处理设备宜按照设计制冷负荷及风量的 2×100% 配置，预留足够裕度，防止空调系统故障导致阀厅温湿度上升。

15.1.27 阀厅内二次装置应采取专门的屏蔽、接地设计，进入阀厅的电缆应为屏蔽电缆，阀控系统屏柜应装设防电磁屏蔽网，提高抗电磁干扰能力。

15.1.28 新建直流工程阀厅屋顶应设计可靠的安全措施，保障运维人员检查屋顶时，无意外跌落风险。

15.1.29 阀厅宜配置视频、红外等远程智能巡视系统，合理设置固定点位及巡检轨道，确保关键设备全覆盖，可完全替代人工巡检。

【释义】视频、红外远程智能巡视系统，安装位置应避免轨道及摄像头零件脱落损坏阀设备，可智能识别表计读数、渗漏油（水）和发热情况等设备状态。

15.2 采购制造阶段

15.2.1 供货商应提供阀厅封堵系统的详细方案，大封堵、小封堵等关键材料应具备国家级检测机构的检测报告，所有材料应具备合格证明。

15.2.2 封堵系统主要封堵板材、不锈钢龙骨应满足重复使用的要求。

15.3 基建安装阶段

15.3.1 小封堵金属压条应有一处可靠断开点，避免产生环流。

15.3.2 施工作业前进行技术交底，明确封堵安装和接地安装的工艺要求。

15.3.3 封堵安装时套管洞口的精确定位及尺寸应现场核对后再下料操作，防止公差过大影响安装质量。

15.3.4 封堵安装时应重点关注大封堵龙骨、边框、面板、小封堵压条及封堵金属构件的接地、跨接等情况，满足设计要求。

15.3.5 小封堵抱箍与套管升高座间应绝缘良好，不得与金属压条形成回路，可通过绝缘良好的等电位线单点直接接地。

【释义】2017 年 8 月 11 日，金华站极Ⅱ低端 Y/D A 相换流变压器阀侧首端套管穿墙封堵材料抱箍发热。原因为采用不锈钢扎带作为阀厅封堵材料收口，环流通过扎带卡扣易产生过热，且现场无检查手段确认导流接触面是否搭接良好。

【释义】2019 年 9 月 30 日，天山站极Ⅱ低端 Y/Y B 相换流变压器阀侧尾端套管穿墙位置发热（见图 15-1、图 15-2），最高温度达到 104℃，其他套管相同位置普遍在 35℃左右。检查发现套管抱箍等电位线存在外皮破损情况，分析认为因等电位线外皮破损与抱箍接触，等电位线与金属压条形成并联回路，涡流集中流过导致局部过热现象。

 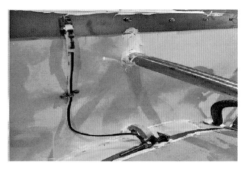

图 15-1　换流变压器阀侧尾端套管穿墙位置发热　　图 15-2　等电位线发热变黑

15.3.6　每两块侧墙压型钢板或屋顶内侧压型钢板间应有不小于 50mm 的搭接宽度，搭接处每隔 200mm 用自攻镀锌螺栓固定。每 3 个自攻螺栓中至少 1 处在施工前应去漆除脂，保证导电性能良好。

15.3.7　阀厅外墙压型钢板外板搭界处应粘贴丁基胶带，宽度不小于 30mm。

15.3.8　阀厅檐口的泡沫堵头应整条安装并应粘接密封胶带，杜绝将整块堵头裁小安装。

15.3.9　屋面检修走道的固定夹具支座不得影响板-板连接质量。

15.3.10　屋面天沟采用托架型式出挑，托架与主体钢结构采用刚性连接，保证屋面天沟的抗风性能，天沟沟壁高于屋面檐口，减小檐口部位风压抬升效应。

15.3.11　阀厅屋面采用复合压型钢板时，压型金属板采用咬口锁边连接时，屋面的排水坡度不宜小于 5%；压型金属板采用固定件连接时，屋面的排水坡度不宜小于 10%，以快速、有效地排除阀厅屋面雨水。

15.3.12 阀厅屋面外层压型钢板的厚度不应小于 0.6mm，外板板型应选用 360°咬口锁边连接方式的暗扣板，避免螺钉穿透式固定方式带来的漏水风险。

15.3.13 阀厅屋面内、外层压型钢板均在工地现场辊压制作，保证沿屋面板的长度方向（即板纵向、屋面坡度方向）无搭接接缝。

15.3.14 阀厅室内 0m 以上所有穿越阀厅墙面的电缆、光缆、冷媒管等采用的封堵模块做好屏蔽接地。

15.3.15 阀冷管、阀厅风管穿越阀厅墙壁时应采取相应接地措施，保证管道可靠接地。

15.3.16 阀厅控制电缆（包括阀厅设备就地控制箱引接电缆）必须采用屏蔽电缆，通过 Cable Gland 实现屏蔽层的可靠接地，防止电磁干扰。

15.3.17 阀厅内动力电缆采用阻燃屏蔽电缆，避免阀厅电磁信号对控制电缆干扰。

15.3.18 阀厅建筑围护结构应具有优良的气密性能，内墙板与内墙板之间、内墙板与门窗之间、内墙板与设备孔洞之间、内墙板与屋面板的转角部位、屋面板与屋面板之间的孔隙均应采用泡沫堵头、密封胶、密封带等进行封堵密实，满足密封指标限值要求，防止室外灰尘渗入。

15.4 调试验收阶段

15.4.1 检查全部封堵系统金属部件与换流变压器套管金属部分的空隙，并保证至少 50mm 以上，确保有效隔离。

15.4.2 加强封堵龙骨安装、接地等施工隐蔽工程的验收，留存图片和视频资料。

15.4.3 核查阀厅屋顶设计强度、固定方式，检查加强措施和加固情况。

15.4.4 检查阀厅外围护压型钢板、排烟窗、防雨百叶边缘及其他开孔处的密封有效，确认雨水未进入阀厅。

15.4.5 检查阀厅屋面天沟、排水管无堵塞。

15.5 运维检修阶段

15.5.1 加强封堵区域发热情况的红外测温巡视工作，确保及时发现发热隐患。

15.5.2 停电检修期间检查阀厅封堵接地情况，确认单点接地。

15.5.3 停电检修期间对阀厅屋顶螺栓的锈蚀及紧固情况进行检查，对锈蚀或松动的螺栓应及时更换。

15.5.4 遇到大风暴雨天气时，应加大对阀厅墙壁、事故排烟风机、通风百叶孔边缘及其他开孔处的巡视频次，发现渗水现象应立即进行处理。

16 防止站内接地网故障

16.1 规划设计阶段

16.1.1 换流站的主接地网和接地引下线一般采用铜材,建筑物(除阀厅)内的接地可采用钢材。

16.1.2 变压器中性点、直流分压器、避雷器等设备的接地端子应直接与主接地网相连,避免通过设备支架接地。

16.1.3 换流变压器区域其他设备接地线可连接明敷接地母排,接地母排与主接地网连接点不少于 3 点,便于监测接地点的接地电流。

16.1.4 交流滤波器围栏和围栏内设备接地体接地可靠且不得形成闭合环路,避免涡流发热和感应电对人体造成伤害。

16.1.5 电抗器的接地线本身以及与主地网之间不得形成闭合的回路。

16.1.6 二次接地与等电位接地网设置,除应满足《国家电网有限公司十八项电网重大反事故措施(2018 年修订版)》第 15.6 等章节有关规定和要求,还应满足以下要求:

(1)室外电缆沟内等电位接地铜绞线引入控制、保护室时,应与控制、保护室内的等电位接地网一起在电缆入口处与主接地网一点连接,当有多个电缆沟入口时,各入口电缆沟内的接地铜绞线应经室内电缆沟汇集至其中一个适当的电缆入口后与主接地网一点连接,接地点与室内等电位接地网引出的 4 根接地铜缆与主接地网的接地点布置在同一处。

(2)户外电缆沟等电位接地网与主接地网连接时,连接点与大电流入地点(如避雷器、避雷线塔、避雷针的接地点）沿接地导体的地埋长度不宜小于 15m。

16.1.7 主控楼、辅控楼二次设备间和通信机房的活动地板、继电器室电缆桥架或电缆沟支架使用不小于 $100mm^2$ 的铜排（缆）敷设室内二次等电位接地网，二次等电位接地网按屏柜布置的方向首末端连接成环后用 4 根并联的 $50mm^2$ 的铜排（缆）在就近电缆竖井或电缆沟入口与主接地网一点可靠连接。

16.1.8 控制和保护装置的屏柜下部设置等电位接地铜排和一次接地铜排，二者应作绝缘隔离。屏柜外壳的接地通过一次接地铜排与附近的接地网连通。

16.1.9 控制和保护装置屏柜内的等电位接地铜排的截面积不小于 $100mm^2$。屏柜内控制保护装置的接地端子用截面不小于 $4mm^2$ 的多股铜线和接地铜排相连。等电位接地铜排用截面积不小于 $50mm^2$ 的铜缆与保护室等电位接地网相连。

16.1.10 就地配电装置至主辅控制楼或就地继电器室的二次电缆通道（主沟、支沟、金属导管）使用不小于 $100mm^2$ 的铜排（或铜绞线）（电缆沟内）或铜缆（金属导管）敷设与主接地网紧密连接的室外二次等电位接地网。铜绞线敷设在电缆沟沿线单侧支架上，每隔适当距离与电缆沟支架固定并在保护室（控制室）、开关场的就地端子箱处与主接地网紧密连接。

16.1.11 开关场的就地端子箱内设置截面不小于 $100mm^2$ 的等电位铜排，并使用不小于 $100mm^2$ 的铜缆与电缆沟内的等电位接地网或金属导管内的接地电缆（当端子箱附近无电缆沟时）相连，连通后的等电位网使用不小于 $100mm^2$ 的铜排（缆）与端子箱就近的主接地网连接。

16.1.12 开关场的变压器、断路器、隔离开关和电流、电压互感器等设备的二次电缆应经金属管从一次设备的接线盒（箱）引至就地端子箱，并将金属管的上端与上述设备的底座和金属外壳良好焊接，下端在距一次设备 3～5m 之外与主接地网良好焊接。

16.1.13 开关场的变压器、断路器、隔离开关和电流、电压互感器等设备至就地端子箱的二次电缆屏蔽层应在就地端子箱处可靠单端接入二次等电位接地网。电缆屏蔽层使用截面不小于 $4mm^2$ 多股铜质软导线可靠连接到接地铜排上。分相配置的开关操动机构的相间电缆屏蔽层应在汇控箱处可靠单端接入二次等电位接地网。

16.1.14 双层屏蔽电缆内屏蔽一端接地，外屏蔽两端接地，均接于二次等电位接地网。设计时应校核外屏蔽层的通流能力。

16.1.15 直流场、换流变压器区域和交流滤波器区域的直击雷防护应采用滚球法进行校核，防雷配合电流宜取 1kA。

16.1.16　避雷针或避雷线塔的接地引下应采用双接地，并设置集中接地装置。接地装置不与主地网连接时，其接地电阻不宜超过 10Ω。接地装置与主网连接时，集中接地装置应至少由 3 根垂直接地体组成，每两根垂直接地体的间距不应小于垂直接地体长度的 2 倍。

16.1.17　避雷器的接地引下点附近应至少设置一根垂直接地体。

16.1.18　架空避雷线应与变电站接地装置相连，并设置便于地网电阻测试的断开点。

16.2　调试验收阶段

加强对接地等施工隐蔽工程的验收，留存相关图片、视频及接地电阻测量报告等资料。

16.3　运维检修阶段

16.3.1　换流站接地网每 5 年开挖检查，抽检接地网的腐蚀情况，土质疏松易塌陷、土壤酸碱度较大、降水较大且靠近重污染工业区域应每 3 年开挖检查，抽查接地网的腐蚀及受外力变形、断裂情况。交流场、直流场和换流区分别抽检 3～5 个点。铜质材料接地体地网整体情况评估合格的不必定期开挖检查。

> 【释义】2020 年 8 月，高岭站地网开挖检查 8 处，其中 51B 构架接地电流最大达到 68A，接地材料腐蚀严重，扩大检查发现换流区接地引线腐蚀严重。

16.3.2　年度检修期间利用无人机对高空导地线、销钉、间隙接地、避雷针格构连接情况进行检查，及时发现处理锈蚀部件、散股线头，防止避雷线松脱。

> 【释义】2020 年检修期间，祁连站、天山站利用无人机检查高空导地线、销钉、间隙接地、避雷针格构连接情况。分别发现 30 处、10 处避雷线连接部位存在异常，包括尾端线留的余度不够，末端未进行镀锌铁丝的绑扎固定，避雷线线芯、楔形线夹存在松股现象；挂点螺栓缺开口销。

17 防止接地极及接地极线路事故

17.1 规划设计阶段

17.1.1 接地极的选址应综合考虑接地极线路长度、极址技术条件、极址周边相关设施状况和地方发展规划等因素，应距离换流站至少 30km，收集不小于 50km 范围内现有和规划的电力设施（发电厂、变电站、线路等）、10km 范围内地上或地下油气管线和铁路等设施资料。

17.1.2 应通过仿真计算评估接地极入地电流对 50～100km 范围内厂站变压器偏磁的影响，评估 10km 范围内地下管线、地下电缆、铁路等的影响，不满足要求时应采取有效的限流、隔直等措施。

17.1.3 接地极极址应地形开阔，土壤导电性能良好，极址附近土壤电阻率不宜大于 $100\Omega \cdot m$。

17.1.4 根据极址条件及土壤电阻率参数分布情况通过技术经济综合比较确定接地极馈电元件布置型式，可采用水平或垂直两种方案，优先选用普通型水平接地极。

17.1.5 接地极应配置监测系统，系统应具有馈电电缆电流、红外及可见光、围墙电子围栏等监视功能，监测信息应送至换流站后台监视。现场设置方舱的接地极应具备温湿度调节装置、固定式消防灭火系统，信息应送至换流站后台监视。"

17.1.6 换流站 SCADA 系统应具有接地极电流安时数统计监视功能。

17.1.7 不同直流输电系统不应共用接地极线路，不宜共用接地极，以防一点故障导致多个直流输电系统同时双极强迫停运。

【释义】依据《国家电网有限公司十八项电网重大反事故措施（2018 年修订版）》第 8.6.1.3 条规定，如被迫共用接地极，推荐共极址不共极环，须考虑两个换流站共接地极之间的影响及运行措施；建议按照一个换流站接地极线路与接地极检修不影响另一个换流站运行考虑设计。

【释义】复龙、宜宾站采用共用接地极设计，当某条接地极线路检修（两侧接地），运行接地极线路对应换流站出现单极大地回线运行方式时，入地电流将通过临时接地线通过检修接地极线路，最高分流比例达 16%。对线路检修人员带来人身风险，同时直流电流进入运行换流变压器中性点可能导致换流变压器保护动作跳闸。

2015 年某逆变站极Ⅰ闭锁期间，整流站接地极线路绝缘击穿，接地极线路接地。而该接地极由两个整流站共用，因此引起两站换流变压器饱和保护动作。

17.1.8 应按照差异化设计原则提高接地极线路和杆塔设计标准，提高防风偏、防雷击、防覆冰、防冰闪及防舞动能力。

【释义】依据《国家电网有限公司十八项电网重大反事故措施（2018 年修订版）》第 8.6.1.4 条，目前存在多条直流线路共用同一输电走廊的情况，当出现雷击、风偏、覆冰时，可能引起多条直流闭锁。设计及运维期间应开展针对性的差异化设计或改造。

17.1.9 接地极线路绝缘子串的招弧角间隙宜按照（80±2.5）%的有效串长配置，并大于直流续流电弧间隙。

【释义】DL/T 5224—2014《高压直流输电大地返回系统设计技术规程》要求招弧角间隙小于85%有效串长。DL/T 1293—2013《交流架空线路绝缘子串并联间隙使用导则》附录 B 推荐招弧角间隙与有效串长之比不应小于 75%，一般可按 80%~90% 有效串长配置。综合考虑，建议接地极线路按照（80±2.5）% 的有效串长配置。

【释义】2012 年 7 月 7 日，伊敏站极Ⅰ进行多次转换运行方式操作，导致接地极线路 4 号塔一侧导线脱落，左线绝缘子因电弧烧穿致使导线落地、横担挂点侧招弧角（放电间隙）已全部烧没，导线侧挂点招弧角（放电间隙）烧伤严重（见图 17-1、图 17-2）。采取招弧角放电间隙不小于 300mm、不大于 0.85 倍绝缘子有效串长，线路绝缘配置按电压分布差异化设计的措施。

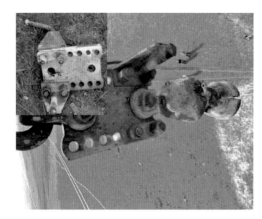

图 17-1　绝缘子烧穿脱落

图 17-2　导线跌落

17.1.10　接地极线路绝缘配合应满足 DL/T 5224—2014《高压直流输电大地返回系统设计技术规程》相关要求，并考虑海拔修正，特高压直流系统接地极线路绝缘子片数不小于 5 片，提高接地极线路运行可靠性。

【释义】DL/T 5224—2014《高压直流输电大地返回系统设计技术规程》规定接地极线路最小片数不得小于 2 片，目前 ±500kV 直流接地极线路最小片数一般为 3 片。±800kV 锡泰线接地极线路单独架设和共塔架设均按 5 片配置；±800kV 陕湖线初设评审意见中，接地极线路单独架设按最小 5 片，共塔按 7 片；±1100kV 吉泉线初设评审意见均按 5 片，实际单独架设段按 5 片，共塔段按 7 片配置。2015 年直流建设部组织编写的特高压直流工程标准化设计文件之接地极线路标准化设计指导书，特高压接地极线路绝缘子片数按 5 片考虑。

【释义】奉贤、苏州站接地极线路原设计绝缘子片数为 3 片，后期进行了改造，增加至 5 片绝缘子。

17.2 调试验收阶段

17.2.1 接地极调试时应测量跨步电压，测量值应小于 DL/T 5224—2014《高压直流输电大地返回系统设计技术规程》规定的允许值。

17.2.2 直流系统调试期间进行单极大地回线满负荷试验时，测试接地极周边 50km 范围内变压器偏磁电流，超过设备允许值时应采取限流或隔直措施。

17.2.3 进行接地极线路过流保护控制策略验证试验。

17.3 运维检修阶段

17.3.1 运行期间尽量控制大电流入地运行时间，尽快转为金属回线运行。

17.3.2 运行期间应统计接地极使用安时数，复核接地极材料消耗量。

17.3.3 接地极投运 6 年应进行一次接地极接地电阻、跨步电压、接触电势测试。存在问题应专题分析，必要时开挖检查、排除异常。

17.3.4 每 5 年或必要时进行局部开挖以检查接地极腐蚀情况，确定接地极馈电元件、连接电缆及接头状况良好。

18 防止火灾事故

18.1 规划设计阶段

18.1.1 新建换流站站址应选在临近城市且交通方便区域,最近消防站到达换流站时间应在 1h 以内,满足换流站消防事故情况下社会应急力量及时救援、应急抢修需要。

18.1.2 根据换流站站址公共消防资源配置、火灾应急处置能力、地区自然气象等条件,选择适合工程的消防系统设计方案。按照消防设计典型方案,从降低设备故障、快速灭火、可靠防止火灾扩大三个方面采取措施。

18.1.3 考虑固定消防设施和移动式消防设备(消防炮、消防车、消防机器人等)消防用水,换流站储水容积不小于 4000m³。

18.1.4 新建换流站应至少配置 1 台移动式消防设备,消防设备持续灭火能力不低于 1h。

18.1.5 消防给水系统应为独立系统,消防用水若与其他用水合用时,应保证在其他用水量达到最大流量时消防系统的水压和用水量等满足消防系统要求。

18.1.6 消防设施应统一实时控制和监测,消防泵及消防稳压泵电源失电监测、启停信号、消防水池液位、管路压力模拟量和泄压阀动作流量监测信号送至换流站监控系统(OWS 或消防自动化系统)。消防系统应具备远方手动、就地手动和自动的启动方式。

18.1.7 消防系统应按 I 类负荷供电,消防设备双电源或双回路供电,并在最末一级配电箱处可自动切换,切换装置的延时应与上级站用电切换时间相匹配,保障可靠供电。

18.1.8 消防泵、消防稳压泵的双电源回路宜直接从交流配电屏不同母线段引接，避免串接入其他开关，降低故障几率。

18.1.9 消防系统设备、压力管道、阀门、屏柜等应有防冻、防潮、防风沙、防紫外线和防高温等措施。消防管网埋深应位于冻土层以下，防止冻胀拒动；寒冷地区泵房及雨淋阀室应配置保温设备和环境监测系统，低温告警信号应上传至 OWS 后台，保证最低工作温度，防止系统误动。

【释义】2020 年 3 月，阜康站发生消防水管结冰、蝶阀冻裂情况，原因为综合管沟温度过低，改进措施为增加 15 台暖风机（3℃以下报警）。2020 年冬最低温度达到零下 6℃，超出设计要求。

18.1.10 换流站综合水系统管道、消防管道宜采用管沟或隧道方式敷设，便于日常维护检修。

18.1.11 增加换流变压器剪力墙高度、阀厅防护墙挑檐宽度，提高阀厅防火能力。

18.1.12 换流变压器集油坑应具备双层格栅，鹅卵石下方空间能容纳变压器油量的20%。

18.1.13 设置换流站事故油池，容量不低于100%换流变压器油量。

18.1.14 换流变压器本体排油装置管道应直接接入集油坑，换流变压器排油管沟与主管沟在接口处设置水封井等油火隔离措施。

18.1.15 事故排油管道应满足排油装置动作和固定消防设施与移动式消防设备装置同时动作时的油水排放要求。

18.2 采购制造阶段

18.2.1 消防系统主要设备应通过国家认证，产品名称、型号、规格应与检验报告一致。非国家强制认证的产品名称、型号、规格应与检验报告一致。

18.2.2 消防系统供货厂家负责相关安装、调试和消缺处理工作，负责提供运行使用和维护手册，明确系统集成方案、措施之间的协同效应、措施之间配合逻辑与时序关系，便于维护检修。

18.2.3 消防设备、材料应具有防冰冻、雨雪、风沙、紫外线和高温等恶劣天气的具体措施，满足极端天气可靠运行。

18.2.4 灭火器、火灾探测器等应保证足够备品数量。

18.3 基建安装阶段

18.3.1 消防管道埋深符合设计要求，消防管道安装完毕后，应进行冲洗并完成强度试验、密封试验，试验合格后方可填埋并做记录。

18.3.2 管道强度试验和密封性试验应用水作为试验介质，干式喷水灭火系统、预作用喷水灭火系统应做水压试验和气压试验。

18.3.3 试验用水宜采用生活用水，不得使用海水或含有腐蚀性化学物质的水。

18.4 调试验收阶段

18.4.1 核查泵房、雨淋阀室、泡沫间等防寒措施完备，工作稳定。

18.4.2 消防系统设计、设备资料、系统及组部件试验报告齐全，设备运行正常，防冻、防潮、防风沙、防紫外线和防高温措施完备。

18.4.3 消防器材数量符合电力消防管理规定要求，检验合格并在有效期内，标识明显。

18.4.4 编制验收试验方案，进行操作技术培训，供货、施工和运行人员参与调试，调试报告完整、记录清晰。

18.4.5 低温地区应进行消防管网防冻检查，确认消防水系统抗冻措施有效，保证正常供水。

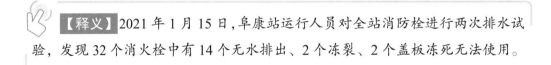

【释义】2021 年 1 月 15 日，阜康站运行人员对全站消防栓进行两次排水试验，发现 32 个消火栓中有 14 个无水排出、2 个冻裂、2 个盖板冻死无法使用。

18.5 运维检修阶段

18.5.1 消防系统设备故障、管道破损等影响消防系统运行的问题时应及时处理，保证消防系统持续正常运行。

18.5.2 加强特殊区域和低温、高海拔、潮湿等气象条件下消防系统设备检查频次，及时发现极端环境条件下设备故障，保证消防系统可靠运行。

18.5.3 寒冷地区消防系统应检查充水或消防介质的管道防冻保温措施完好有效，雨淋阀室保温效果良好；一般地区做好管道保温、雨淋阀室保温应急措施，保温装备材料足额配置，保证消防系统低温可靠运行。

18.5.4 编制消防系统应急预案，定期开展消防系统操作培训。

18.5.5 换流站宜根据消防法规规定和实际情况，建立专职消防队（或志愿消防队）、微型消防站，每半年至少开展1次消防联动演习。

【释义】按照《国家电网有限公司消防安全监督管理办法》明确要求："（八）根据消防法规的规定和实际情况，建立专职消防队（或志愿消防队）、微型消防站。"

18.5.6 在运换流站换流区划分安全工作区，明确人员活动及消防车进出方式，防止换流变压器火灾后架空进线熔断跌落伤人。

18.5.7 换流站应每年至少进行1次主消防系统试喷试验。

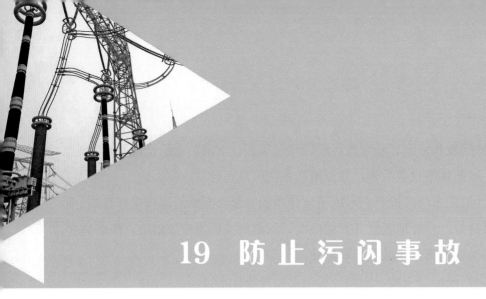

19 防止污闪事故

19.1 规划设计阶段

19.1.1 新建工程应开展污秽专项调查，依据最新版污区分布图进行外绝缘配置，应充分考虑当地污秽等级、污秽类型、环境污染发展情况，坚持"绝缘到位、留有裕度"的原则，确保设备不发生污闪事故。

19.1.2 站址应避让直流 D 级污区，不能避让的宜采用户内直流场。海拔超过 1000m 时，外绝缘配置应进行海拔修正。

19.1.3 中重污区外绝缘宜复合化，包括支柱绝缘子、空心绝缘子，提高外绝缘水平。

19.1.4 直流设备外绝缘设计时应考虑足够的裕度，采取增加伞间距，加装增爬裙等措施，避免运行中发生冰闪、雨闪或雪闪。

> **【释义】** 2015 年 1 月 25 日，中州站极Ⅰ直流保护发极母线差动保护动作闭锁。现场积污严重，在雨加雪环境下高端直流穿墙套管顶部形成 0.8m 左右干区，造成局部电压畸变。在套管温升（约 5℃）作用下湿雪逐步融化，在伞裙间形成融雪桥接，导致套管外绝缘闪络。
>
> 2019 年 9 月 6 日，受台风"玲玲"影响，华新站间歇性强降雨导致极Ⅰ平抗直流场侧套管雨闪。

19.1.5 设备外绝缘应按污区等级要求的上限配置，按污耐压法进行校核（考虑当地污秽类型）。校核不满足要求的可采取喷涂防污闪涂料措施，必要时加装防污闪辅助伞裙。避雷器不宜单独加装辅助伞裙，宜将辅助伞裙与防污闪涂料结合使用。

【释义】2004 年 11 月 6 日，江陵站极母线差动保护动作闭锁，检查直流分压器明显的放电痕迹，绝缘子靠近均压环侧更明显（见图 19-1）。

图 19-1　江陵站极Ⅰ极母线直流分压器绝缘子表面放电痕迹

19.1.6　户内设备外绝缘设计应考虑户内场湿度和实际污秽度，与户外设备外绝缘的污秽等级差异不宜大于一级。

19.1.7　粉尘污染严重地区可采取加装辅助伞裙等措施。

19.1.8　一次设备均压环设计时，要校核设备高压端对地及均压环的外绝缘有效爬距，防止爬距不足导致均压环闪络放电。

【释义】2009 年 2 月 26 日，龙泉站极Ⅰ直流极母线差动保护动作闭锁，检查极母线直流分压器绝缘子表面有两处放电痕迹，均压环有三处击穿小孔，分析认为直流分压器均压环结构设计不合理、均压环顶部盖板存在遮挡使得外绝缘受湿不均，导致运行中发生闪络（见图 19-2）。

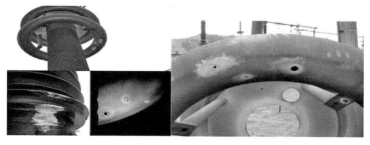

图 19-2　龙泉站极Ⅰ极母线直流分压器绝缘子表面放电痕迹

19.2 采购制造阶段

19.2.1 超大爬距的瓷绝缘子可采用复合支柱或复合空心绝缘子,也可采用较小爬距(如低一级)瓷绝缘子并喷涂防污闪涂料作为有效设计,空心绝缘子不宜降低伞间距。

19.2.2 瓷绝缘子安装前需涂覆防污闪涂料时,宜采用工厂复合化工艺,运输及安装时应注意避免绝缘子涂层擦伤。

19.3 运维检修阶段

19.3.1 运行阶段室外设备防污闪管理重点如下:

(1)污区等级处于直流 C 级及以上的直流换流站户外瓷绝缘子应喷涂防污闪涂料。

(2)未喷涂防污材料的户外瓷质直流场设备宜在投运第一年利用停电机会完成喷涂工作。已喷涂防污闪涂料的绝缘子应每年进行憎水性检查,憎水性下降到 3 级时应考虑重新喷涂。

> **【释义】**2007 年 2 月 7 日,南桥站极Ⅰ直流线路避雷器闪络引起极母线差动保护动作闭锁。大雾和细雨附着在外部绝缘伞裙上,并与污秽混合形成表面导电路径,在运行电压作用下,该避雷器表面混合污秽引起表面爬电,差动保护动作。

(3)雨雪、浓雾等恶劣天气情况下,应增加对户外穿墙套管、支柱绝缘子、直流分压器等设备的巡视频次,利用红外测温和紫外检测手段,密切关注设备外绝缘状态,若发现严重放电、闪络现象,应及时申请降压运行或停运。

(4)各单位宜充分利用停电机会,开展设备清扫,减少设备运行时的积污程度。超过 1 年未清扫的,应每季度对污秽程度进行评估,对不合格的应立即安排清扫。运行超过 3 年的防污闪涂料,每次检修时要检查有无起皮、龟裂、憎水性丧失等现象,如发现上述现象应及时安排复涂。

【释义】2015年1月25日，中州站极Ⅰ直流保护发极母线差动保护动作闭锁。在小雨加雪环境下，由于风向因素，高端直流穿墙套管顶部形成0.8m左右干区，造成局部电压畸变，在套管温升（约5℃）作用下，湿雪逐步融化，在伞裙间形成融雪桥接，导致套管外绝缘闪络。经外观检查及对试验数据分析，认为穿墙套管内外绝缘暂时满足运行要求，可以继续投入运行，在未提出抗污秽治理方案之前，加大清洗频率有助于恢复套管的憎水性。

（5）认真开展室外设备等值盐密和灰密测试工作，密切跟踪换流站周围污染变化情况，据此及时调整所处地区的污秽等级，并采取相应措施使设备爬电比距与所处地区的污秽等级相适应。

19.3.2 恶劣天气前后加强设备的巡视，检查设备放电情况，发现异常放电时进行风险评估，必要时申请降压运行或停电处理。

【释义】2013年4月9日，江陵站极Ⅰ平抗套管外绝缘雨闪放电导致极闭锁。由于套管伞裙间距较密，雨水在伞裙间形成水帘，水帘越长，伞间剩余空气间隙则越短，最终空气间隙被逐个击穿，导致整个套管闪络（见图19-3、图19-4）。

图 19-3　套管顶部的放电点　　　图 19-4　套管底部的放电点

19.3.3 出现快速积污、长期干旱或外绝缘配置暂不满足运行要求，且可能发生污闪的情况时，可紧急采取带电水冲洗、带电清扫、直流线路降压运行等措施，降低污秽闪络风险。

19.3.4 瓷或玻璃绝缘子需要涂覆防污闪涂料如采用现场涂覆工艺，应加强施工、验收、现场抽检各个环节的管理。

19.3.5 对于水泥厂、有机溶剂类化工厂附近的复合外绝缘设备，应加强憎水性检测，确认设备防护能力。

19.3.6 绝缘子上方金属部件严重锈蚀可能造成绝缘子表面污染，或绝缘子表面覆盖藻类、苔藓等，可能造成闪络的，应及时采取措施进行处理。

19.3.7 大雾、大雨、覆冰（雪）等恶劣天气宜加强特殊巡视，采用红外热成像、紫外成像等手段判定设备外绝缘运行状态。套管结冰融化后宜加强特殊巡视，检查设备放电情况，发现异常放电时进行风险评估，必要时申请降压运行或停电处理。

19.3.8 外绝缘配置不满足运行要求的输变电设备应进行增加绝缘子片数、更换防污绝缘子、涂覆防污闪涂料、更换复合绝缘子、加装辅助伞裙等防污闪治理措施，提高污秽环境适应能力。

20 防止接头发热

20.1 规划设计阶段

20.1.1 直流系统主通流回路接头接触面载流密度应有足够的设计裕度,防止载流密度过大导致设备接头过热。电流不大于 5000A 时,控制标准如下:

(1)铝板-铝板接触面电流密度不大于 0.093 6A/mm²;

(2)铜板-铜板接触面电流密度不大于 0.12A/mm²;

(3)铜板镀银-铝板镀锡触面电流密度不大于 0.12A/mm²;

(4)铜板-铜铝过渡-铝板接触面电流密度不大于 0.10A/mm²;

(5)铜棒镀银-铸铝抱夹镀锡接触面电流密度不大于 0.12A/mm²。

【释义】2014 年 7 月 16 日,宜宾站直流极母线隔离开关动触头基座软连接处发热(见图 20-1、图 20-2),最高温度达到 150.2℃(双极功率 8000MW,环温 32℃)。该隔离开关动触头基座软连接处的载流密度远大于 0.093 6A/mm²。

HITEC 公司供货的直流场零磁通 TA 主要有 IDNC、IDNE、IDEL1、IDEL2、IDME、IDGND,部分 TA 两侧接线板面积偏小,载流密度为 0.153A/mm²,采取金具向前延伸增大接触面积的措施,将载流密度降至 0.111A/mm² 左右(见图 20-3、图 20-4)。

2014 年 8 月 8 日,金华站阀塔阳极电抗器与晶闸管连接金具接头过热,最高温度达 134℃。该电抗器接头的载流密度远远大于 0.093 6A/mm²。

图 20-1　80105 动触头
基座侧软连接发热

图 20-2　80105 动触头
基座侧软连接发热位置

图 20-3　改造前零磁通 TA 接头

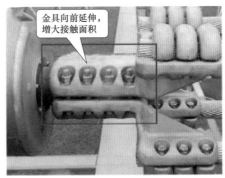

图 20-4　改造后零磁通 TA 接头

灵宝站单元Ⅰ华中侧换流阀单阀引出电流回路长期发热，更换为大规格导线后该问题得以解决。

2017 年 4 月 26 日，高岭站对阀厅开展例行精确红外测温工作，检查发现单元Ⅱ阀厅落地式电流电压互感器（DCCT）金具存在过热情况。金具导流截面小、电流密度大是发热主要原因。

20.1.2　5000A 以上大电流工况下，直流通流回路设备端子板和金具接触表面应选用铜或铜镀银（铝镀锡）材质。电流小于 6700A 时，控制标准如下：

（1）铝板-铝板接触面电流密度不大于 0.074 88A/mm²；

（2）铜板-铜板接触面电流密度不大于 0.093 6A/mm²；

（3）铜镀银-铝镀锡接触面电流密度不大于 0.093 6A/mm²；

（4）铜板–铜铝过渡–铝板接触面电流密度不大于 0.08A/mm²;

（5）铜棒镀银–铸铝抱夹镀锡接触面电流密度不大于 0.093 6A/mm²。

20.1.3 其他要求参照 DL/T 5222—2005《导体和电器选择设计技术规范》执行。

20.1.4 直流金具应进行型式试验，接触面、螺丝紧固力矩要符合技术要求，金具成型后应进行压紧力试验，压紧力检查合格后开展通流试验，确保金具安装工艺满足要求。

【释义】2019 年 6 月 15 日，灵绍直流降压运行，绍兴站红外测温发现极 I 高端 400kV 穿墙套管直流场接头最高温度 83℃（负荷电流 5000A）（见图 20–5），现场检查发现金具抱箍与套管端子接触不良（见图 20–6），有效载流面积偏小，将材质从黄铜铸件改为紫铜铸件后 100N·m 标准力矩作用下接触面分布均匀，导电良好。

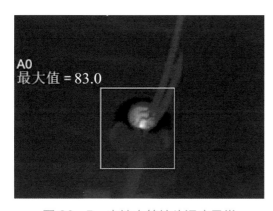
图 20–5　穿墙套管接头温度异常

图 20–6　套管金具接触不良

20.2　基建安装阶段

20.2.1 加强安装工艺质量管控，严格按照设计方案采购金具，确保金具质量合格。

20.2.2 新建工程安装阶段，直流系统主通流回路接头应逐一建立档案，严格管控接头打磨和导电膏涂抹工艺，螺栓紧固到位后应画线标记，安装完毕后应进行直阻测量和力矩检查，记录初始值并留存。

20.3 验收投运阶段

20.3.1 新建工程验收时核查主通流回路接头档案，确保工艺要求和技术参数合格，运维单位应按不小于1/3的数量进行力矩和直阻抽查。

20.3.2 验收时接头直阻按如下标准执行：

（1）交流场接头直阻应不大于20μΩ。

（2）直流场接头直阻应不大于15μΩ。

（3）阀厅接头直阻应不大于10μΩ。

20.3.3 阀厅金具转换部位支撑结构与导电体应严格进行绝缘处理，同时采用等电位线可靠连接。

【释义】2016年4月，绍兴站站系统调试期间，换流阀引线金具出现悬浮放电，检查发现金具转换部位漏装等电位线，支撑绝缘子悬浮放电，加装等电位线后电晕消除（见图20-7）。

图20-7 换流阀引线金具加装等电位线

20.4 运维检修阶段

20.4.1 运维单位应对站内主通流回路接头逐个制定工艺控制表，防止漏项。

20.4.2 运维单位应对站内主回路设备、接头等通流回路定期进行红外测温，发现过热及时处理。

【释义】2019 年 8 月 5 日，绍兴站极Ⅰ低端 400kV 直流穿墙套管户内侧接头发热，停电检查发现套管端子与法兰接触面紧固螺栓松动（6 颗螺栓，5 颗松动），导致直阻较大（23.5μΩ，标准为 10μΩ），现场拆除套管端子，将接触面进行打磨处理并复装，处理后复测接触面回路电阻合格（1μΩ）。检查套管户外侧接头发现同样存在螺栓松动现象。

20.4.3 设备端子接头检查处理执行"十步法"流程，具体如下：

第一步，逐个制定接头工艺控制表，防止接头遗漏。

第二步，逐人开展专项技能培训并考试上岗，严格筛选作业人员。

第三步，初测直流电阻，对交流场超过 20μΩ、直流场超过 15μΩ、阀厅超过 10μΩ 的接头进行解体处理。

第四步，用规定力矩检查紧固，对不满足要求的接头重新紧固并用记号笔画线标记。检查螺栓防松动措施是否良好。

第五步，拆卸接头，精细处理接触面。用 150 目细砂纸去除导电膏残留、无水酒精清洁接触面，用刀口尺和塞尺测量平面度。

第六步，均匀薄涂导电膏。控制涂抹剂量，用不锈钢尺刮平，再用百洁布擦拭干净，使接线板表面形成一薄层导电膏。

第七步，均衡牢固复装。复装时应先对角预紧、再用规定力矩拧紧，保证接线板受力均衡，并用记号笔做标记。

第八步，复测直流电阻，不满足要求的应返工。

第九步，80% 力矩复验。检验合格后，用另一种颜色的记号笔标记，两种标记线不可重合。

第十步，专人负责全程监督，关键工序由作业人员和监督人员双签证，责任可追溯。

21 防止环境污染事故

21.1 规划设计阶段

21.1.1 换流站选址应符合国家有关政策法规以及区域的用地规划等方面的要求。新建换流站宜设置噪声控制区，并确保敏感点全部达标，应避开居民集中区域、医院、学校、密集型居民区等声环境敏感区，不宜在声环境功能区 0 类、Ⅰ类区内新建换流站。

21.1.2 换流站宜采用不低于 2.5m 的实体围墙，厂界噪声不达标时可适当增高围墙高度或在围墙上增设隔声屏障。隔声屏障（或围护）的设计强度应确保强风、地震等极限荷载作用下的安全。

21.1.3 优先选用低噪声设备，换流变压器声功率级小于 90dB（A），平波电抗器声功率级小于 85dB（A），交流滤波电抗器声功率级小于 70dB（A），交流滤波电容器组声功率级小于 60dB（A）。滤波电容器和电抗器配置合理的降噪措施。

21.1.4 根据设备噪声控制参数进行换流站全站声场建模和仿真，噪声预测模型应包括站内主要噪声源和建（构）筑物，同时考虑换流站竖向布置和周围地形对声波传播的影响，预测结果应满足站界噪声排放要求。

21.1.5 换流站总平面布置设计应利用阀厅、备品备件库、GIS 室等建筑物的隔离作用，削弱设备噪声的远距离传播；主要噪声源宜低位布置，高噪声设备布置应远离敏感点。

21.1.6 换流站建筑物宜采用自然通风，减少风机数量；应选择低噪声风机或者分割通风单元降低风机噪声。

21.1.7 隔声屏障距离主要声源的位置不宜超过 20m，无法布置的宜改用隔声罩（间）类的降噪措施或加高围墙。

21.1.8 采取以上措施仍不能满足换流站噪音控制标准的，可采用换流变压器 Box-in 方案，Box-in 材料宜采用高温热熔材料。

21.1.9 换流站降噪设施不得影响消防功能，隔声顶盖或屏障设计应能保证外部消防水、泡沫等灭火剂可以直接喷向起火变压器。

21.1.10 换流变压器降噪装置应具备良好的通风性，避免影响本体散热效果。

> 【释义】换流变压器降噪装置应具备良好的通风性，保证换流变压器正常散热。胶东站换流变压器降噪装置采用密闭设计，仅在顶部留有通风百叶窗，在夏季满负荷运行的工况下，降噪装置内温度高于环境温度超过 10℃，严重影响换流变压器本体的散热效果。

21.1.11 Box-in 泄爆设计应优化开启方式，避免发生火灾时无法开启。

21.1.12 降噪材料须满足在给定环境条件下稳定运行的要求，且应考虑温度、湿度、雨雪等气候因素影响。

21.1.13 换流站污水处置应依据环评批复报告及当地法律法规，工业废水接入当地排水系统的，排水水质应满足当地污水处理规划要求。

21.1.14 站内污水排出口应高于站外接口标高，防止排水不畅，如不满足应设置提升装置。

21.1.15 换流站直径 300mm 以上雨水排水管道应采用钢筋混凝土预制管，防止回填土沉降引起管道损坏、堵塞。

> 【释义】某变电站排水系统 800mm 及以下管径采用 PE 双壁波纹管，2016 年建设期间出现地面塌陷，开挖检查发现排水管变形损坏；2017 年暴雨后 500kV、110kV 设备区排水管道损坏堵塞，雨水无法排出，主控楼积水、室内外电缆沟大量积水。

21.1.16 采用蒸发池的换流站，蒸发池设计容量应充分考虑雨水、春季化雪、站内空调系统、阀冷系统等制水装置的排放量。

21.2 采购制造阶段

21.2.1 换流变、平波电抗器、滤波电容、滤波电抗、冷却系统等设备出厂前进行噪声检测，测试环境、测试条件、测试方法以及测点布置等按照相关标准或技术要求执行。

21.2.2 型式试验条件下，单台电容器单元噪声测试应注入所有噪声计算用谐波电流，直流滤波电容器噪声测试时应同时施加直流电压和谐波电流。

21.2.3 交流滤波器单台电容器单元声压级噪声应小于 55dB（A），直流滤波器单台电容器单元声压级噪声应小于 60dB（A）。

21.2.4 隔声屏障、隔声罩等降噪设施应符合国家和行业的有关规定，经行业认可的专业质检机构检测合格，确保在换流站的长期安全稳定使用。

21.3 基建安装阶段

21.3.1 安装人员在工作前得到充分的技术培训，熟练掌握有关设备的机械性能、安装要点与要求，明确安装的具体工作内容。对于临时和新参加工作人员，必须在有安装经验的人员带领下作业。

21.3.2 安装螺丝的咬合、卡扣的搭接应符合有关要求，连接件与紧固件应注意压紧与牢固，对安装过程中可能造成设备振动加剧的薄弱环节，应加强管理，确保设备安装牢固、稳定。金具、连接件应注意不要有划伤，以免加剧设备表面的电晕放电情况。

21.3.3 隔声材料安装施工时避免出现孔洞缝隙漏声部位。

21.3.4 确保降噪措施拼装接口、螺栓固定件安装到位，防止松动。安装后确保设备内部无零部件遗留；导线应采用软连接方式，避免张力过大导致应力损伤。

21.3.5 设备隔声罩应便于安装、拆卸、设备操作和检修。隔声罩内应进行良好的吸声处理，隔声罩与声源设备不宜有刚性连接，防止罩体产生振动。

21.3.6 采暖通风、空气调节的消声措施应符合 GB 50019《工业建筑供暖通风与空气调节设计规范》及 GB 50229《火力发电厂与变电站设计防火标准》的规定。

21.3.7 Box-in 前端隔声板安装应与 CAFS 等消防管道走向配合，放样预留隔声板开孔，安装时注意施工工序，避免管道安装后序影响隔声板施工。

21.3.8 排水管施工完毕后应按照工艺要求进行回填土夯实，密实度应达到设计要求，减少后期沉降幅度，杜绝沉降造成管道损坏堵塞。

【释义】某变电站排水系统 800mm 及以下管径采用 PE 双壁波纹管，2016年建设期间出现地面塌陷,开挖检查发现排水管变形损坏;2017年暴雨后 500kV、110kV 设备区排水管道损坏堵塞，雨水无法排出，主控楼积水、室内外电缆沟大量积水。

21.3.9 检查确保污水提升及处理设施侧壁、事故油池等埋管封堵良好，避免污水渗漏。

21.4 调试验收阶段

21.4.1 调试阶段对不同运行工况的设备和厂界进行噪声测试,加强对设备噪声及厂界噪声数据的计算和分析，排除薄弱环节。

21.4.2 基于噪声实测数据，对换流站内外的声场分布水平进行有效评估，必要时调整噪声控制措施，确保换流站对周围环境的噪声影响控制在标准范围之内。

21.4.3 大负荷运行状态下换流站厂界噪声排放水平满足 GB 12348—2008《工业企业厂界环境噪声排放标准》的要求。

21.4.4 检查供水系统运行正常、水质检验合格。

21.4.5 编制排水系统启动调试方案，检查排水系统运行正常；试验污水提升泵坑内液位连锁自动启（停）泵等功能正常。核查污水处理装置工作正常，水质检验报告满足设计、环评批复及当地排放水质要求。

21.4.6 检查事故排油系统畅通,渗漏量要小于相关规范标准;检查事故油池无异物，调节功能正常，水质符合环评和设计要求。

21.5 运维检修阶段

21.5.1 定期对换流站设备振动与噪声进行监测以及厂界噪声监测，及时发现异常情况，监测数据定期整理归档。

21.5.2 定期巡视隔声屏障、隔声罩等降噪设施的使用状态，检查有无破损、发霉等影响设备安全稳定运行的情况，检查确保设施固定完好，防止大风天气出现倒伏。

21.5.3 注意查看设备降噪材料（如吸音棉）的吸湿、吸水状态，检查橡胶有无老化、脆硬变质现象，全包裹或半包裹降噪设施有无碎屑，部分包裹式降噪设施有无掩盖设备漏油问题。

21.5.4 换流站改扩建、周边环境变化等因素造成的换流站内外声场分布改变或声环境质量标准升高，应重新对换流站的噪声影响进行评估，改造措施同主体工程同步完工。

21.5.5 阀厅、换流变压器、调相机厂房等高噪声区域工作应采取适宜的防护措施，必要时佩戴耳塞。

21.5.6 定期检查确保站内外排水设施工作正常，确保排水系统畅通。

21.5.7 汛期前后，应检查房屋渗漏、设备设施基础倾斜及沉降、电缆沟积水、站内外排水系统情况，发现异常及时处理。

21.5.8 汛期应开展污水提升泵启动试验，确保排水泵启动正常；大雨天气时，增加污水提升设施巡视频次，避免泵坑大量积水导致污水外溢。

21.5.9 定期检查事故油池，防止受污染废水排出站外，必要时进行油水分离技术处理。

21.5.10 消防系统启动后应检查泡沫灭火原料排放情况，及时清理泡沫遗留物。

21.5.11 定期监测污水处理装置出口水质、蒸发池水质，必要时处理有害成分，防止引发环保事件。